广东省软科学研究计划项目（编号：2014A070702004）资助

广东省属科研机构
创新能力评价研究
方法、应用及管理系统

张卫国　莫国莉　欧晨　著

华南理工大学出版社
SOUTH CHINA UNIVERSITY OF TECHNOLOGY PRESS
·广州·

图书在版编目（CIP）数据

广东省属科研机构创新能力评价研究：方法、应用及管理系统/张卫国，莫国莉，欧晨著．—广州：华南理工大学出版社，2018.12

ISBN 978－7－5623－5805－3

Ⅰ．①广… Ⅱ．①张… ②莫… ③欧… Ⅲ．①科学研究组织机构－创新能力－评价－研究－广东 Ⅳ．①G322.236.5

中国版本图书馆 CIP 数据核字（2018）第 278254 号

广东省属科研机构创新能力评价研究：方法、应用及管理系统
Guangdong Shengshu Keyan Jigou Chuangxin Nengli Pingjia Yanjiu：
Fangfa Yingyong Ji Guanli Xitong
张卫国　莫国莉　欧晨　著

出版人：卢家明
出版发行：华南理工大学出版社
（广州五山华南理工大学17号楼，邮编510640）
http：//www.scutpress.com.cn　E-mail：scutc13@scut.edu.cn
营销部电话：020－87113487　87111048（传真）

策划编辑：谢茉莉
责任编辑：谢茉莉
印　刷　者：广州市人杰彩印厂
开　　　本：787mm×1092mm　1/16　印张：12.75　字数：236千
版　　　次：2018年12月第1版　2018年12月第1次印刷
定　　　价：58.00元

版权所有　盗版必究　　印装差错　负责调换

前　言

在经济全球化和"互联网+"时代背景下,创新是引领发展的第一动力,科技创新能力已经成为国家和区域经济发展的源泉和动力。纵观发达国家和新兴工业化国家的自主创新之路,国家和区域科技创新体系是支撑其创新能力建设的重要力量,科研机构是重要的科技创新体系主体,是连接知识创新和技术创新的桥梁,也是基础研究和技术转化方面的主力军。不断提升科研机构的科技创新能力,对国家与地方实施自主创新战略具有重要意义。

对科研机构创新能力的客观评价,不仅是创新领域学术研究的长期热点问题,而且也是政府实施科技发展战略及推动科研机构建设发展中的管理问题。当前广东省深入实施创新驱动发展战略和加快区域创新体系建设,为广东省属科研机构的发展提供了难得的机遇,同时也对其发展提出了更高、更新的要求。广东省现有53家省属科研机构,经过近十几年的发展和改革,取得了较大的进步,但仍存在许多问题。如何能在挑战和机遇面前建设和完善广东省属科研机构科技创新能力的评价机制,引导和促进科技自主创新,充分发挥广东省属科研机构的骨干和引领作用,是一项迫切需要开展的研究课题。

本著作是广东省软科学重点研究项目"广东省属科研机构创新能力评价研究"的主要研究成果。主要内容是依据科研机构创新能力的内涵和特征,客观分析了国内外现有创新能力评价指标体系的优点和不足,结合工业、农业、社会发展和科技服务四个领域及技术开发类、咨询服务类、公益类三大类的广东省属科研机构特点,选取创新基础能力、创新投入能力、创新营运能力、创新产出能力、创新社会效益等方面的指标,系统建立了广东省属科研机构创新能力评价指标体系。在深入研究现有各种创新能力综合评价方法的优点与不足的基础上,

提出了科研机构创新能力静态评价方法、动态评价方法及发展趋势预期方法，系统建立了广东省属科研机构创新能力评价方法和模型；通过调研和收集实际数据，开展了广东省属科研机构创新能力静态评价、动态评价及预期评价，对省属科研机构创新能力的现状水平、动态变化及发展趋势进行了诊断把握，提出了提升广东省属科研机构创新能力的基本思路和对策措施；并从政府、企业和公众角度全面分析了广东省属科研机构创新能力评价的需求，开发了广东省属科研机构创新能力评价智能管理信息系统，使科研机构的创新能力管理统一化、规范化、信息化、科学化，管理效率进一步提高，从而为决策机构正确认识和评价省属科研机构创新能力、科学制定省属科研机构创新发展政策提供辅助决策依据。

目 录

第1章 绪论 ·· 1
  1.1 研究的目的和意义 ·· 1
  1.2 科研机构创新的定义与内涵 ··· 2
  1.3 国内外科研机构创新能力评价研究综述 ····································· 3
  1.4 主要研究内容与方法 ··· 6
  1.5 主要研究成果 ·· 9

第2章 广东省属科研机构发展现状分析 ·· 11
  2.1 广东省科技发展整体概况 ·· 11
  2.2 广东省科研机构基本情况 ·· 14
  2.3 广东省属科研机构主要特点 ··· 19

第3章 广东省属科研机构创新能力评价指标体系研究 ························ 24
  3.1 科研机构创新能力综合评价指标体系 ······································· 24
  3.2 四大领域科研机构创新能力评价指标体系 ································ 30
  3.3 三大类型科研机构创新能力评价指标体系 ································ 37

第4章 广东省属科研机构创新能力评价方法研究 ······························· 42
  4.1 科研机构创新能力评价方法综述 ··· 42
  4.2 创新能力 AHP–模糊综合评价法 ··· 44
  4.3 考虑专家犹豫度偏好的创新能力区间直觉模糊排序方法 ············· 50
  4.4 科研机构创新能力 LFPP–FAHP 动态评价方法 ························· 59
  4.5 科研机构创新能力灰色预测方法 ··· 62

第5章 广东省属科研机构创新能力静态评价研究 ······························· 65
  5.1 农业类科研机构创新能力静态评价分析 ··································· 65
  5.2 工业科研机构创新能力静态评价分析 ······································ 71
  5.3 科技服务类科研机构创新能力静态评价分析 ····························· 77
  5.4 社会发展科研机构创新能力静态评价分析 ································ 82
  5.5 技术开发科研机构创新能力静态评价分析 ································ 87

5.6	广东省属公益科研机构创新能力静态评价分析 ……………………	90
第6章	广东省属科研机构创新能力动态评价及预测研究 ……………	96
6.1	农业科研机构创新能力动态评价分析 ……………………………	96
6.2	工业科研机构创新能力动态评价分析 ……………………………	103
6.3	技术开发科研机构创新能力动态评价分析 ………………………	107
6.4	广东省属科研机构创新能力预测研究 ……………………………	110
第7章	广东省区域科研机构创新能力动态评价研究 …………………	112
7.1	数据来源及处理 ……………………………………………………	112
7.2	科研机构创新能力评价指标及其权重的确定 ……………………	112
7.3	广东省各地区科研机构创新能力评价分析 ………………………	116
7.4	结论及建议 …………………………………………………………	119
第8章	广东省属科研机构创新能力评价管理系统 ……………………	121
8.1	管理系统开发的目的及意义 ………………………………………	121
8.2	系统开发的目标 ……………………………………………………	122
8.3	系统的总体架构及功能介绍 ………………………………………	124
8.4	系统设计中的关键技术 ……………………………………………	126
8.5	系统的开发与设计优点 ……………………………………………	127
第9章	广东省属科研机构发展思路 ……………………………………	128
9.1	总体思路 ……………………………………………………………	128
9.2	劣势分析 ……………………………………………………………	129
9.3	功能定位 ……………………………………………………………	131
9.4	发展途径 ……………………………………………………………	136
第10章	广东省属科研机构创新对策建议 ………………………………	138
10.1	创新基础建议 ……………………………………………………	138
10.2	创新投入建议 ……………………………………………………	138
10.3	创新营运建议 ……………………………………………………	139
10.4	创新产出建议 ……………………………………………………	140
10.5	创新效应建议 ……………………………………………………	141
10.6	政策完善建议 ……………………………………………………	142
10.7	其他建议 …………………………………………………………	144
参考文献 ……………………………………………………………………		147
附录 广东省属科研机构创新能力评价管理系统使用说明书 ……………		153

第1章 绪 论

科研机构是我国国家创新体系与区域创新体系的中坚力量，是其不可或缺的重要组成部分，是科技创新的主体之一[1]。知识经济时代，科学与技术的迅猛发展也为科研机构带来了前所未有的挑战，人才竞争与科研实力的竞争日益激烈，经济的发展方式也由资源依赖型转变为创新驱动型。这就要求科研机构置身于国家与区域创新系统中优化配置、创新人才和科技平台等资源，瞄准科技前沿，不断开展科学与技术创新，努力提高科技创新能力。提升科研机构科技创新能力不仅是科研机构自身发展的需要，也是促进国家和区域创新体系建设的需要，同时还是促进国家社会、经济与科技发展的需要。

1.1 研究的目的和意义

在经济全球化背景下，科技创新能力已成为国家经济发展的主导因素，是决定国家前途和命运的主要因素之一[2]。纵观发达国家和新兴工业化国家的自主创新之路，科研机构是基础研究和技术转化方面的主力军，不断提升科研机构的科技创新能力，对国家与地方实施自主创新战略具有重要意义。

科研机构创新能力的客观评价，不仅是创新领域学术研究的热点问题，而且也是政府实施科技发展战略及推动科研机构建设发展中的一个管理问题。当前广东省深入实施创新驱动发展战略和加快区域创新体系建设，为广东省属科研机构的发展提供了难得的机遇，同时也对其发展提出了更高、更新的要求。[3]目前广东省共有近百家省属科研机构，涉及技术开发类、工业类、农业类、咨询服务类、社会领域、公证性技术机构等。经过近十几年的发展和改革，广东省属科研机构取得了较大的进步，但仍存在许多问题，如自主创新能力较弱、创新效率较低、掌握核心技术较少、高技术创新能力人力资源缺乏等。要解决这些问题，需要客观评价广东省属科研机构创新能力，完善科技创新能力的评价机制，以此来促进科技自主创新，以便充分发挥广东省属科研机构的骨干和引领作用。

为此，有必要系统构建具有各类型科研机构特征的广东省属科研机构创新能力评价体系，提出广东省属科研机构创新能力静态评价方法、动态评价方法以及预测评价方法，开发广东省属科研机构创新能力评价知识管理系统，使科研机构的创新能力评价管理统一化、规范化、现代化和科学化，管理效率进一步提高，充分发挥广东省属科研机构科技自主创新的骨干和引领作用，为决策机构正确认识和评价省属科研机构创新能力、科学制定省属科研机构创新发展政策、顺利实现广东经济转型升级和实施创新驱动发展战略提供决策咨询服务。本项目研究具有重要理论学术意义和重大实际应用价值。

1.2 科研机构创新的定义与内涵

美籍奥地利经济学家约瑟·熊彼特（J. A. Schumpeter）最早提出"创新"概念，认为创新是生产过程中内生的，是要"建立一种新的生产函数"，进行"生产要素的重新组合"，以获取潜在的利润[4]。按照经典的熊彼特创新理论，所谓的创新就是建立一种新的生产函数，也就是把一种新的生产要素或者生产条件引入到生产中。该理论还指出创新有五种类型：产品创新、技术创新、市场创新、资源配置创新和组织创新。按照熊彼特创新的定义，我们可以把创新能力定义为"形成新的生产要素、生产条件以及形成新的生产组合的能力"。科研机构创新能力是科研机构通过获取知识，产生新技术、新工艺、新服务、新的生产组合的能力。

创新是一个过程，创新能力体现在创新的各个过程中，学者们一般认为创新能力应包括创新资源投入能力、研究开发能力、创新管理能力、创新产出能力、生产制造能力和市场实现能力。

科研机构创新能力是科研机构在科技创新活动中表现出来的一种综合能力，它实现了科技创新资源向科技创新能力的转变，是科技创新活动、产出等多种能力要素的组合，是一种系统能力。具体可从资源角度、能力角度和系统角度对科研机构创新能力进行解释。

（1）从资源角度来看，科研机构创新能力是实现由资源向能力转变的能力。科研机构创新能力的本质是将人力、财力、物力等科技资源进行优化配置、集成利用，实现由资源向能力的转变。其中，人是科技创新的主体，人力资源是科研机构创新的核心；财力资源是科技创新的推动力，支撑科技创新资源投入；科技平台、试验基地等是科技创新的基础支撑，保障科技创新活动的正常开展。

（2）从能力角度来看，科研机构创新能力是各种能力要素的组合。科研机构在一定科研条件支撑的基础上，经过策划、设计和选题，配置相关资源，开展科研活动，产出科研成果，创新制度文化。这一系列活动与过程中体现出的各种能力都是科研机构创新的能力构成要素，各种能力要素共同组合成科研机构创新能力。

（3）从系统角度来看，科研机构创新能力是一种系统能力。作为一个组织机构，科研机构包含管理、科研、服务等子系统。在开展科学研究的活动过程中，科研机构包含基础支撑、科技资源、科研活动、成果产出等子系统，同时又是外部大系统中的一个子系统，比如科研机构是国家创新系统中的一个子系统，受外部环境的影响，与高等院校、企业等其他科技创新子系统相互作用、相互影响。因此，科研机构创新能力是一种复杂的系统能力，是内部各系统相互作用和外部环境相互影响的结果，表现为对内部各子系统的协调集成能力以及对外部其他系统的协调适应能力。

1.3 国内外科研机构创新能力评价研究综述

发达国家对科研机构的评价起步较早，一些国家已经形成了颇具特色的科研机构评价指标体系与评价方法。

德国科研机构评价主要从以下几方面展开：科研机构开展的工作与其整体工作和研究任务的符合程度，研究工作与成果的科学价值性与独创性，所取得研究成果与投入经费之比，与其他研究单位开展合作的情况，以及未来发展的可能性等[5]。英国的科研评价系统是欧洲最为成熟的科研机构评价体系，评价内容有科研环境、科研人员概括、论著及其他产出成果、外部项目收入情况、常规考察及附加信息等[6]。加拿大科研机构评价的目的是提高自身研究开发能力和项目执行能力，评价的内容涵盖范围较全面，涉及科研机构外部环境评价、内部运作评价、机构动机评价以及领导机构评价。其具体指标包括政策、管理、经济、社会文化、外部需求等外部环境因素，任务完成程度、资源有效利用程度等科研机构内部运作评价指标，科研机构的历史、任务、文化、奖励机制等动机评价指标，战略领导层、基本资源情况、项目管理能力等领导机构评价指标[7]。法国以国家能有效地管理科研机构为评价目的，科研机构评价内容为发展方向、内部机构设置的合理性、科研课题、国家科研投入以及科研人员的称职程度等[8]。而美国、日本的科研机构评价是从科技人员、研究计划与课题、产出成果效率等方面展开评价[9]。以上科研机构评价的内容与指标体系存在一个相似之处，即大多是从系统角度，按科研机构科技活动的输入、处理、输出、接收等过程进行评价。

目前，科研机构的创新能力受到政府及科技界的重视，对其进行创新能力评价，有助于把握科研机构的科技创新发展和科技体制改革趋势，还可以把政府和社会对科研机构发展方向渗透到其自身建设中;同时通过相应的对策进行引导调整,也可以激励和导向科研机构提高其创新能力。近年来,纵观国内外的研究,对科研机构进行评价大致可以分为两步,首先建立有效的科研机构创新能力评价体系,然后运用评价方法对其进行评价。

在评价指标方面,Chiesa 等 (1996)[10]从企业文化、创新过程、产品开发、技术获取、领导能力、资源能力等六大方面构建了创新能力评价指标体系。周维虎等(2000)[11]从借鉴技术创新程序,即情报信息、决策管理、科研开发、中试、生产、销售这一技术路线,把科研院所科技创新能力划分为创新投入能力、创新管理能力、研究开发设计能力、生产能力和市场开发营销能力五类要素。Yam 等 (2004)[12]认为创新能力可以划分为学习能力、R&D 投入、资源分配、制造能力、市场营销、组织能力以及战略目标等七大因素。李强等 (2005)[13]提出包括科技投入资源、研究开发成本、文献计量学测度、知识产权测度和绩效测度等在内的公益类科研机构投入产出测度指标体系。徐欢等 (2006)[14]认为影响科研院所创新能力主要有四个因素:科研院所对技术创新的物质基础投入、对技术创新人才的培养、同高校和其他单位的技术合作以及科研成果的转移和扩散。赵红专等 (2006)[15]参照 STI(知识经济社会技术进步与发明创造)评价指标体系,结合中国科学院研究所评价实践,构建了科技论文、科技奖励、科技成果、社会贡献和开发经营评价等五个指标体系。Wang 等 (2008)[16]将创新能力归纳为五点:研发能力、决策辅助工具、营销、制造能力以及资本。邓曼等(2008)[17]提出以创新的效果和业绩、创新财务和成本、内部管理、学习与发展四个评价指标对公益类科研机构创新绩效进行评价。邓婕 (2009)[18]运用平衡记分卡对公益性科研机构科技产出层面、社会层面、内部业务流程层面、学习与成长层面等四个方面进行评估。沈继红等 (2010)[19]首次在科研院所科技创新能力评价中引入可持续创新力,用资金、人才、项目引进表征,结合科技创新竞争力和科技创新影响力构建四个层次的指标体系。刘君等 (2011)[20]认为科研院所创新能力构成要素可归纳为六点:创新基础能力、决策管理能力、创新投入能力、科研活动能力、成果产出能力和成果转化扩散能力。Gunday 等 (2011)[21]主要从技术创新、管理创新、产品创新、过程创新、创造力、营销、组织和策略八大方面构建了综合绩效评价指标体系。张卫国等 (2012)[22]从创新基础、投入、产出和合作四个方面开展公益类科研院所科技创新能力的影响因素研究。池敏青(2012)[23]认为科研院所综合创新能力的影响因素主要有技术创新能力、运行绩效能力和组织管理能力。Cheng 和 Lin (2012)[24]认为创新能力应当从营销战略规划、基础设施、知识和技能、获利能力、外部环境以及生产能力六大方面来衡量。刘彤等（2013）[25]针对新型科研机构在创新发展方面提出了一套评价指标体系，该体系包括技术创新能力、科学管理、经营管理者水平和高层次人才团队四大方面。李哲等（2015）[26]针对军事医学科研机构从考察从业人员基本素质、业务素质、业绩素质和学术素质的角度建立了绩效评价指标体系。

在评价方法方面，Reagans等（2001）[27]从社会资本（social capital）和社会网络（social network）理论出发，采用文献计量法（以出版物、出版物的引文和专利、专利的引文）为依据进行科研评价，对科研机构绩效进行了分析。张浩等（2004）[28]给出了高校科技创新能力的定义，提出高校科技创新的指标体系，并以15所教育部直属高校为样本，利用主成分分析法对其科技创新能力进行实证分析，所得结果验证了主成分分析法的可行性。唐炎钊等（2004）[29]针对区域科技创新能力问题，运用模糊数学方法提出了一个区域科技创新能力的模糊综合评估模型，并用此模型对广东省科技创新能力进行综合评估分析。李广华（2005）[30]分析了科技创新系统中各要素的作用和功能，对高校的科技创新能力进行了相关性分析，结合山东省区域创新的实际情况，将高校科技创新子系统与山东区域创新系统进行比较，并采用DEA方法进行评价分析。李晓轩（2005）[31]以中国科学院十年来研究所评价实践为例，通过计量评价、专家定性、基于创新任务书的评价方法对研究所进行评价，并与国际科技评价的两种主要评价模式进行比较，提出我国国立科研机构绩效评价的构想。Guan等（2006）[32]考虑投入与产出关系，运用数据包络分析（DEA）法对企业与研究机构的技术创新和竞争力进行了有效评价分析。关忠诚等（2007）[33]针对科研机构评价中指标数据的处理以及指标的选取等实际问题提出了基于模糊偏好的DEA模型，并将其用于对中国科学院高技术类研究所的效率评价中进行检验。张伟倩等（2008）[34]以2001—2005年中国科学院高技术研究与发展局29个研究所的统计数据为依据，针对国立科研机构绩效引入了一种基于线性和非线性评价的组合评价模型，并重点分析科研机构绩效的变化，探讨评价模型的有效性和局限性。徐兆勇（2009）[35]以科研产出量（如论文、项目成果等）为参量构造指标体系来评价科技人员科研绩效，运用层次分析法确定了指标权重，建立了科研人员绩效评价模型。韩海彬等（2010）[36]运用AHP充分考虑定性因素，确定高校人文社会科学的科研产出效益，然后将评价结果作为DEA的输出项，并结合其他定量因素进行DEA评价。陈洪转等（2011）[37]通过对科研成果在时间上的离散和集结，运用带有激励偏好的双激励控制线方法，建立了高校科研成果的动态综合评价模型，对我国 7 省 2004—2008 年的高校科研成果进行了动态实证评价。张守华等（2011）[38]提出了基于层次分析法（AHP）和区间模糊的逼近理想排序法的高新技术科研项目评价模型，采用 AHP 确定评价指标的权重，借助于模糊理论构建区间模糊矩阵，计算其正、负理想解和接近度，根据接近度对高新技术科研项目进行比较，并进行了实例分析。李柏洲等（2012）[39]将改进突变级数理论引入创新能力评价中，并对区域科技创新能力进行了评价。欧忠辉等（2014）[40]建立区域自主创新效率评价指标体系，然后利用基于总体离差平方和最大的动态评价方法对区域自主创新效率进行了动态评价分析。Boly 等（2014）[41]采用统计调查分类和多准则方法对法国企业进行了创新能力评价；Krejcl 等（2015）[42]结合同行评议与模糊层次分析法（FAHP）对中欧捷克高校科研绩效进行了创新能力评估。另外，还有学者将熵权法[43]、因子分析法[44]、灰色关联法[45]以及模糊神经网络法[46]等运用到创新评价中。

通过以上综述，可以发现目前对科研机构创新能力评价指标的研究仍处于探索阶段，尚未形成权威统一的评价体系，而且大部分文献较少考虑科研机构对社会贡献效应的指标（大多只涉及成果应用与推广）；其次是大多数评价方法只针对某一年的数据进行评价与分析，无法反映某段时间创新能力的特征。另外，国内外还没有针对工业、农业、社会发展和科技服务领域创新能力进行有区别的评价，也并没有建立知识管理系统，已有的信息管理系统只是具有一定的创新能力评价功能，且仅限于宏观的综合创新能力评价或某行业局部创新能力评价，没有通过对相关信息的深度挖掘形成揭示组织创新的内在规律性知识和演化机制的提炼，评价的深度和广度不够，无法满足不同领域科研机构创新能力评价需要，因此，建立一个有区分、有针对性的省属科研机构创新能力评价知识管理系统有着重要的现实意义。

1.4 主要研究内容与方法

1.4.1 主要研究内容

首先，从理论上对国内外科研机构及其创新能力相关研究进行评述，正确理解科研机构及其创新能力的内涵和特征，充分认识影响科研机构创新能力的主要因素，分析目前关于创新能力评价的各种指标体系及评价方法的优点和不足；其次，根据广东省属科研机构的特点，结合工业、农业、社会发展和科技服务四个领域及技术开发类、咨询服务类、公益类三大类的广东省属科研机构特点,借鉴国内外创新能力评价的基本理论,根据影响科研机构创新能力的科研机构创新基础能力、创新投入能力、创新营运能力、科研成果产出能力、创新社会效应等方面,选取各个领域和类型所具有的共同指标和不同指标,建立系统的广东省属科研机构创新能力评价指标体系;再次,针对现有科研机构创新能力评价理论与方法的优点和不足,结合广东省属各类科研机构创新能力的评价指标体系,基于模糊综合评价和直觉模糊方法等提出创新能力的静态评价、动态评价以及预测评价方法和模型,客观评价广东省属科研机构创新能力现状,动态分析各类科研机构创新能力,进一步给出其机构创新能力的发展趋势的预期评价,提出提升广东省属科研机构创新能力的基本思路和对策措施;最后,从政府、企业和公众的角度全面分析科研机构创新能力评价的需求,进行功能模块设计,建立一个创新能力评价知识系统,对四个领域的科研机构创新能力进行静态、动态分析以及预测评价,为政府、有关部门及省属科研机构提供决策服务咨询。本书研究内容框架如图1-1所示。

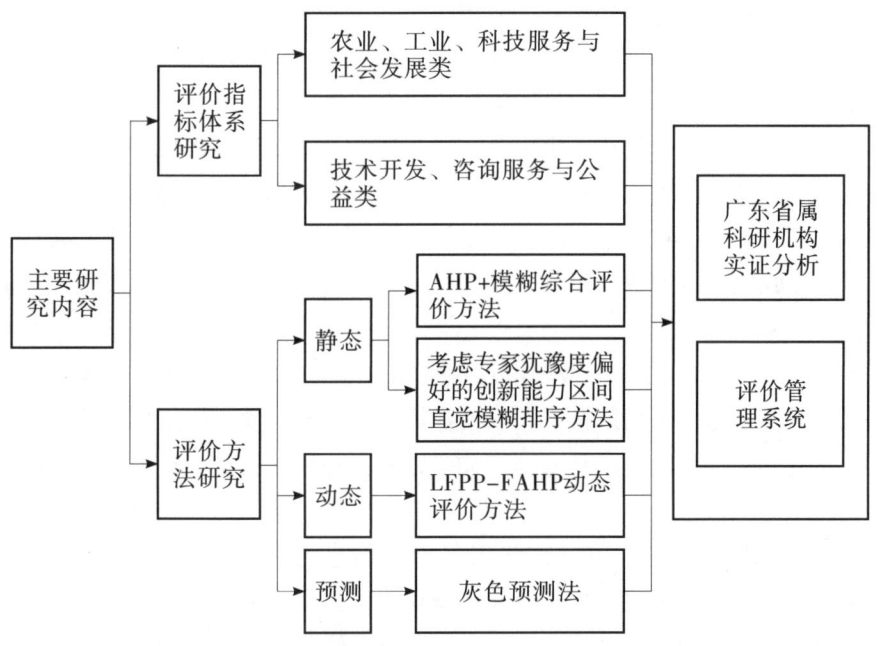

图1-1 广东省属科研机构创新能力评价研究内容框架图

1.4.2 主要研究方法

根据具体研究问题，本书采用规范理论方法和实际应用分析相结合的多种研究方法，包括创建新的各类科研机构创新能力评价方法、开发管理信息系统等。具体研究方法如下：

（1）数据资料的收集及调查法。通过广东省科技厅及广东省科技情报技术研究所等部门收集数据资料及对代表性科研机构进行调查，了解各行业各领域科研机构分布特征及技术特色等信息，同时全面了解政府、公众及客户的创新能力评价要求。在此基础上，分析归纳出科研机构创新评价指标体系及知识管理信息系统的需求。

（2）文献研究法。根据课题的科研机构创新评价研究目的，通过查阅国内外学术期刊、相关科研机构网站、中国社会科学网及广东科技统计年鉴等来获得评价指标、评价方法研究以及系统研制的资料，从而全面准确地掌握科研机构创新能力评价理论与方法及知识管理系统开发要求，保证评价理论与方法的科学性、先进性及知识管理系统功能的适用性。

（3）定量和系统科学方法。应用系统科学、模糊数学、行为决策及综合评价理论与方法进行广东省科研机构的创新能力评价方法与模型研究。利用模糊综合评价法及直觉模糊评价法，提出 AHP - 模糊综合评价法和考虑专家犹豫度偏好的科研机构创新能力区间直觉模糊排序方法用于创新能力静态评价，提出 LFPP - FAHP 与多时段加权综合评价法用于创新能力动态评价，以原始数据为基础生成有较强规律性的数据序列，然后建立相应的微分方程模型，用于创新能力的预测评价。

（4）定性研究方法。在管理信息系统研究中，定性研究也正在成为一种研究手段，主要是通过采用结构方程模型建模来量化不易量化的信息系统中的管理变量，从而确定模型的组成及其因果关系，并在此基础上建立有关信息系统的管理理论。

（5）信息研究方法。信息方法就是根据信息论、系统论、控制论的原理，通过对信息的收集、传递、加工和整理获得知识，并应用于实践，以实现新的目标。信息方法是一种新的科研方法，它以信息来研究系统功能，揭示事物更深一层次的规律，帮助人们提高和掌握运用规律的能力。整个研究路线图见图1 - 2。

第 1 章 绪　论

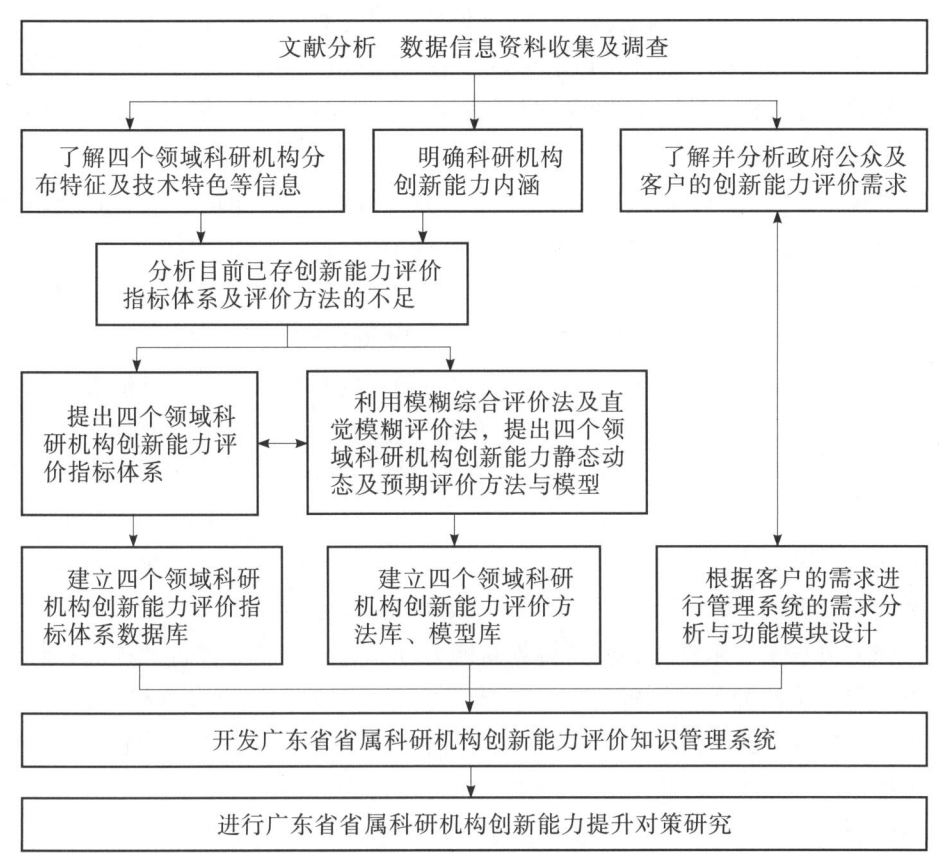

图 1-2　广东省属科研机构创新能力评价研究路线图

1.5　主要研究成果

本书根据主要研究内容，通过解决相关主要研究问题，取得的研究成果体现在以下几个方面。

（1）建立了不同行业、各种类型科研机构创新能力的评价指标体系，丰富和发展了现有科研机构创新能力的评价指标体系。针对国内外科研机构创新能力评价指标体系评价不全面，并且缺乏反映不同行业、各种类型科研机构特征的指标的情况，本项目构建了能够客观、合理地反映工业、农业、社会发展和科技服务四个行业领域及技术开发类、咨询服务类、公益类三大类的广东省属科研机构特点创新能力评价指标体系。这些评价指标体系既有适用于不同行业类型创新能力评价的公共指标，也有反映不同行业创新能力独有特征的评价指标。

（2）提出了科研机构创新能力静态评价、动态评价的模型和方法，发展了现有科研机构创新能力的评价理论与方法并提出创新。分别提出了考虑专家犹豫度偏好的直觉模糊方法和 LFPP – FAHP 方法，这些评价方法能够对科研机构创新能力进行静态评价、动态评价。考虑专家犹豫度偏好的科研机构创新能力区间直觉模糊排序方法解决了犹豫度偏好不同会导致得分函数大小的不同，进而导致属性权重大小不同的评价问题。构建的 LFPP – FAHP 方法与多时段加权综合评价法改进了传统方法求解模糊判断矩阵的缺陷，并采用多时段加权创新能力评价值使其可以反映一段时间综合创新能力发展水平，使得评价结果更为全面有效。

（3）开发了广东省属科研机构创新能力知识评价信息系统。在信息系统分析角色方面：首次系统地分别从政府、企业和公众的角度科学评价各应用领域广东省属科研机构创新能力，相应的知识管理系统至少设置三类不同权限的用户角色。在系统功能模块创新方面：在创新能力测度指标分析的基础上，开发的系统主要功能模块有基础实力创新管理、决策管理能力管理、创新投入能力管理、创新活动能力管理、成果产出能力管理、成果转化扩散能力管理等。

（4）开展了广东省属科研机构创新能力静态评价、动态评价及预测评价实证分析和对策研究。分别针对四大领域（农业、工业、科技服务和社会发展）的广东省属科研机构创新能力进行了实证评价，具体分析了每个科研机构在一级评价指标上得分情况，并且给出了创新能力强、较强、中等和弱的评级分类及二级评价指标结果。随后，进一步开展了广东省各地区科研机构创新能力评价分析。结合实证评价结果，提出了广东省科研机构发展思路和对策。

（5）实现了广东省属科研机构创新能力系统评价的动态智能化。包括动态分析（可分析科研机构的过去、现在和将来的创新能力）、创新评价方法结果对比分析、用户创新能力评价交流、创新能力动态排名（可从行业领域、区域等方面排名）、自动生成创新能力提升建议与报告等模块。

第 2 章　广东省属科研机构发展现状分析

本章主要介绍广东省科技发展整体概况、广东省科研机构基本情况，分析广东省属科研机构在部门分布、领域分布、科研机构改革与发展方面的主要特点，掌握广东省属科研机构发展现状。

2.1　广东省科技发展整体概况

科技创新发展，已成为当前广东发展坚定不移的核心战略和总抓手。广东是我国的科技大省，近年来紧紧围绕发展创新型经济，大力培育科研机构、创新型企业，建设产业新体系，正加快形成以创新为主要引领和支撑的经济体系和发展模式。根据广东省科技年鉴统计，截至 2015 年，全省区域创新能力综合排名连续八年位居全国第二，稳居第一梯队。全年研发（R&D）经费支出达 1 798.17 亿元，比 2014 年增长 12%，占 GDP 的 2.47%。无论是 R&D 总经费还是其占 GDP 的百分比，总的趋势为增长，说明政府近年来对科技的投入不断加大。落实企业 R&D 费用税前加计扣除政策，预计为企业减免税收超过 80 亿元，成效显著。技术自给率达 71%，接近创新型国家/地区水平。有效发明专利量和 PCT 国际专利申请量分别达111 878件和 13 332 件，均保持全国第一，其中 PCT 国际专利申请量占全国比重超过 50%。科技创新有力支撑产业转型升级，高新技术产品产值达 5.18 万亿元，同比增长 15%。全省从事研发人员达 52 万人，规模全国第一。广东省获 2014 年度国家科学技术奖励的成果达 46 项，创近七年来新高。获得"973 计划"首席科学家项目 9 项，连续六年实现丰收。随着"加速器驱动嬗变系统研究装置""强流重离子加速装置"等 2 个国家重大科技基础设施的落户，珠三角地区大科学工程创新体系加速形成。

从科技经费投入来看，2010 年至 2015 年广东省 R&D 总经费及占 GDP 的比重不断上升，见图 2 - 1。

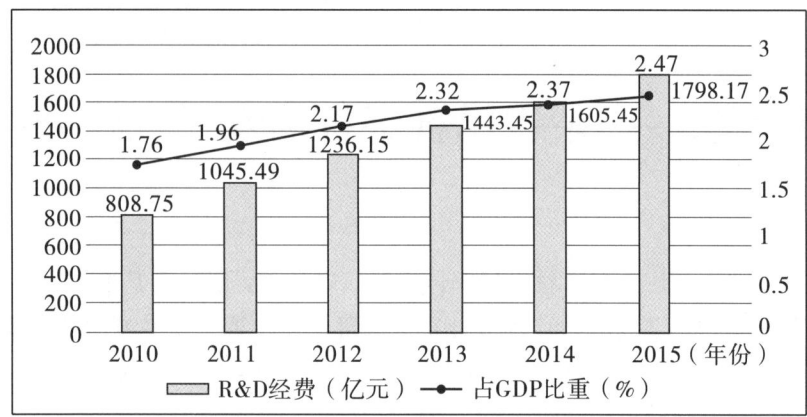

图2-1　R&D经费与占GDP比重

数据来源：广东省科技年鉴。

政府科技拨款在2015年达到历年来最高值569.55亿元，相比2014年上涨107.61%，占财政收入的4.44%。2015年政府科技拨款相比于2010年政府科技拨款，五年增加了355.11亿元，占财政支出比例增加了0.48%，见图2-2。

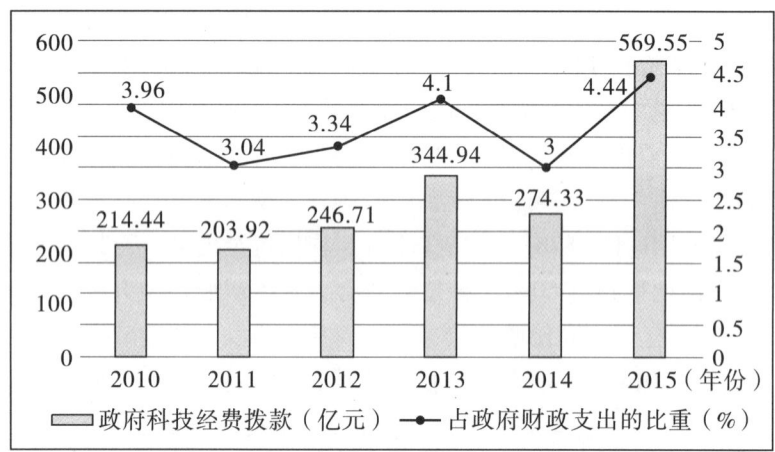

图2-2　政府科技经费拨款与占财政支出比重

数据来源：广东省科技年鉴。

从科技产出成果来看，截至2015年，专利申请数增长到35.59万件，相比于2014年，增长了27.84%。2015年专利申请数相比于2010年专利申请数，五年增加了20.30万件，增长了132.76%，专利申请数一直处于高增长状态。2015年专利授权数增长到24.12万件，相比于2014年，增长了34.00%。2015年专利授权数相比于2010年专利授权数,五年增加了12.19万件,增长了102.18%,同样专利授权数也一直处于高增长状态,见图2-3。

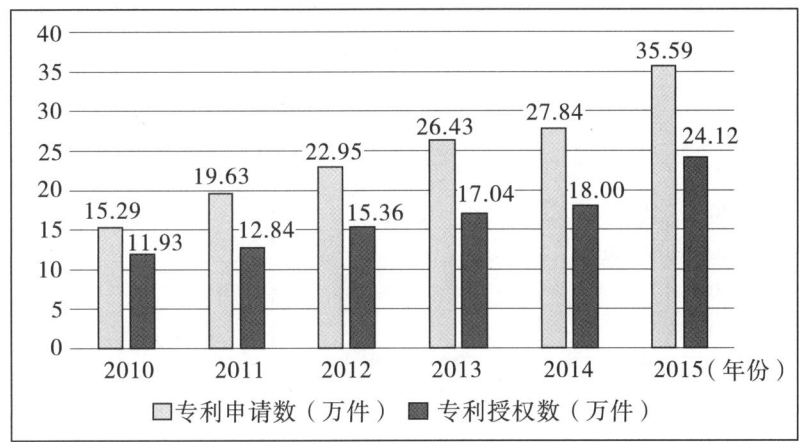

图2-3 专利申请数与专利授权数

数据来源:广东省科技年鉴。

2010年至2014年,每年发表国内期刊论文数一直处于3.6万篇至3.78万篇之间,呈现出稳定状态。而发表国际期刊论文数在2014年增长到2.431万篇,相比于2010年数量增加了0.953万篇,特别是2013年与2014年有大幅度提高,分别为1.934万篇、2.431万篇。发表国际期刊论文数快速增长状态见图2-4。

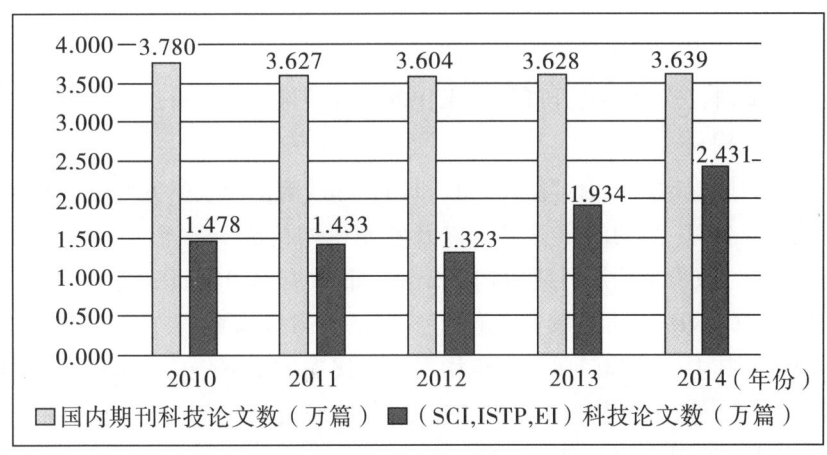

图2-4 全省科技论文发表数

数据来源:广东省科技年鉴。

2010年至2015年广东省获得国家科技奖励项数基本上没有明显增加,处于30项左右波动状态,在2014年达到历年最高,高达46项,而2015年又有所回落,降低到32项。省级科技奖励在2010年至2015年期间呈现先增加后减少态势,2012年达到最高,高达280项,2015年最低,为237项,见图2-5。

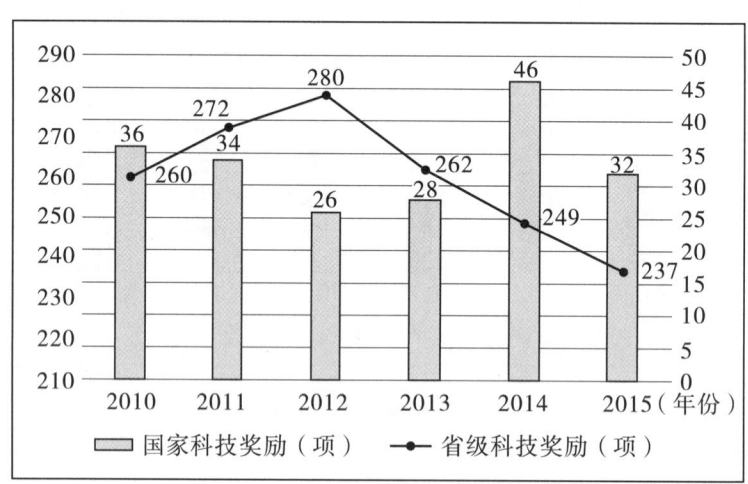

图2-5　国家科技奖励与省级科技奖励

数据来源:广东省科技年鉴。

2.2　广东省科研机构基本情况

科研机构是指有明确的研究方向和任务,具备一定水平的学术带头人和一定数量、质量的研究人员,有开展研究工作的基本条件,长期有组织地从事研究与开发活动的机构。

广东省科研机构由政府部门属科技机构、非政府部门属研究与开发机构和综合技术服务业R&D活动的事业单位以及转制机构构成,截至2014年底,共计604家。其中,政府部门属科研机构312家,非政府部门属研究与开发机构和综合技术服务业R&D活动的事业单位231家,转制机构61家;分别占比52%,38%,10%。其中政府部门属科研机构中,县级属128家,县以上部门属184家(中央部门属22家,省级部门属53家,副省级城市属21家,地市级部门属88家)。分布情况见图2-6和图2-7。

第2章 广东省属科研机构发展现状分析

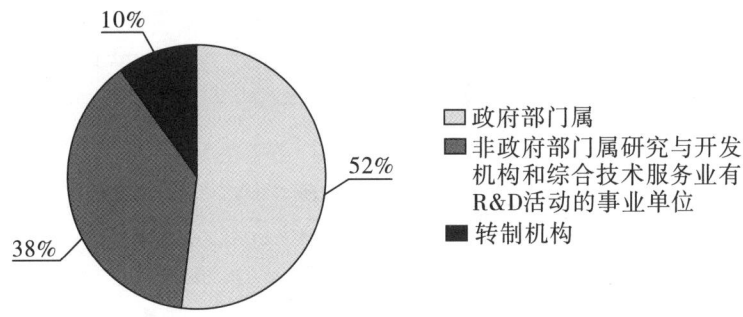

图2-6 广东省科研机构概况

数据来源：广东省科技年鉴。

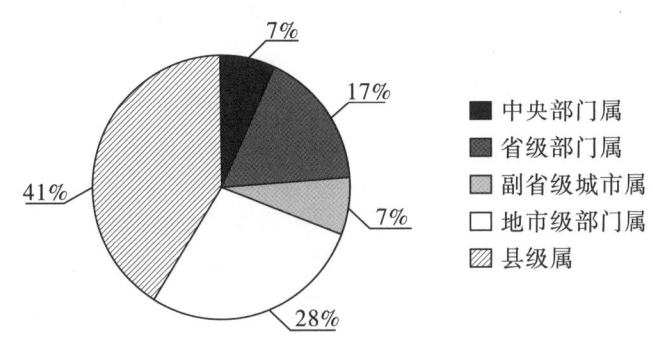

图2-7 广东省政府部门属科研机构概况

数据来源：广东省科技年鉴。

省属科研机构是指由省级政府设立、管理，行为活动具有承担政府使命、体现政府意志、提供公益科技服务等属性的科研机构。省属科研机构在全省科技布局中发挥基础和核心作用，主要开展基础性、战略性、前瞻性和综合性的科研工作，是全省重大科技任务的发起者、承担者，是区域科技创新体系中的骨干力量。

按照研究领域划分，省属科研机构又可分为农业、工业、社会发展与科技服务四大类科研机构。具体研究机构分布见表2-1。

表2-1 广东省属科研机构按领域分类

农业	工业	社会发展	科技服务
广东省农业科学院动物科学研究所（原广东省农业科学院畜牧研究所）	广州有色金属研究院	广东省微生物研究所	广东省科技基础条件平台中心（广东省计算中心）

15

续表 2-1

农业	工业	社会发展	科技服务
广东省农业科学院茶叶研究所	广东省建筑科学研究院	广东省生物工程研究所（原广州甘蔗糖业研究所）	广东省测试分析研究所（原中国广州分析测试中心）
广东省农业科学院环境园艺研究所（原广东省农业科学院花卉研究所）	广东省农业机械研究所	广东省生物制品与药物研究所（原广东省药物研究所与生物制品研究所）	广东省科学技术情报研究所
广东省农业科学院水稻研究所	广东省科学院自动化工程研制中心	广东省航运科学研究所	广东省体育科学研究所
广东省农业科学院植物保护研究所	广东省食品工业研究所	广东省生物制品与药物研究所（原广东省药物研究所与生物制品研究所）	广东省技术经济研究发展中心
广东省农业科学院果树研究所	广东省机械研究所	广东省中医研究所	广东省农科院科技情报研究所
广东省农业科学院蔬菜所	广东省石油与精细化工研究院	广州地理研究所	广东省医学情报研究所
广东省农业科学院作物研究所	广东省电子技术研究所	广东省生态环境与土壤研究所	广东省技术开发中心
广东省农业科学院蚕业研究所	广东省钢铁研究所	广东省安全科学技术研究所	广东省昆虫研究所
广东省农业科学院动物卫生研究所（原广东省农业科学院兽医研究所）	广东省工程技术研究所	广东省老年医院研究所	
广东省农业科学院农业生物技术研究所	广东省建筑材料研究院	广东省水利水电科学研究院	

续表 2-1

农业	工业	社会发展	科技服务
广东省农业科学院农业资源与环境研究所	广东省造纸研究所	广东省计划生育科学技术研究所	
广东省林业科学研究院	广州机械设计研究院	广东省沼气研究所	
广东省家禽科学研究所	广东省陶瓷研究所		
广东省粮食科学研究所	广州半导体材料研究所		
	广东省化学纤维研究所		

注：以上资料与数据来自广东科技统计、统计年鉴、广东科技年鉴整理归类。

按照广东省科技厅开展深化科技体制改革调研中对省属科研机构的调查统计数据划分，省属科研机构又可分为技术开发类、咨询服务类、公益类三大类科研机构。技术开发类科研机构包括广州有色金属研究院、广东省农业科学院动物科学研究所（原广东省农业科学院畜牧研究所）、广东省建筑科学研究院、广东省电子技术研究所、广东省半导体材料研究所以及广东省化学纤维研究所等。咨询服务类科研机构包括广东省昆虫研究所、广州地理研究所、广东省生态环境与土壤研究所等。公益类科研机构包括广东省农科院植物保护研究所、广东省科学院作物研究所、广东省计划生育科学技术研究所等。具体研究机构分布见表 2-2。

表 2-2 广东省属科研机构按科技体制改革分类

技术开发类	咨询服务类	公益类
广州有色金属研究院	广东省昆虫研究所	广东省农业科学院水稻研究所
广东省农业科学院动物科学研究所（原广东省农业科学院畜牧研究所）	广州地理研究所	广东省水利水电科学研究院

续表 2-2

技术开发类	咨询服务类	公益类
广东省农业科学院蚕业研究所	广东省生态环境技术研究所	广东省农业科学院植物保护研究所
广东省农业科学院农业资源与环境研究所（土壤肥料）	广东省测试分析研究所（原中国广州分析测试中心）	广东省农业科学院果树研究所
广东省农业科学院动物卫生研究所（原广东省农业科学院兽医研究所）	广东省科学技术情报研究所	广东省农业科学院作物研究所
广东省农业科学院环境园艺研究所（原广东省农业科学院花卉研究所）	广东省体育科学研究所	广东省农业科学院蔬菜所
广东省微生物研究所	广东省安全科学技术研究所	广东省林业科学研究院
广东省农业科学院农业生物技术研究所	广东省技术经济研究发展中心	广东省计划生育科学技术研究所
广东省建筑科学研究院	广东省农科院科技情报研究所	
广东省农业机械研究所	广东省中医研究所	
广东省科学院自动化工程研制中心	广东省老年医院研究所	
广东省食品工业研究所	广东省医学情报研究所	
广东省机械研究所		
广东省生物工程研究所（原广州甘蔗糖业研究所）		
广东省石油与精细化工研究院		
广东省电子技术研究所		
广东省农业科学院茶叶研究所		

续表2-2

技术开发类	咨询服务类	公益类
广东省科技基础条件平台中心（广东省计算中心）		
广东省钢铁研究所		
广东省粮食科学研究所		
广东省工程技术研究所		
广东省建筑材料研究院		
广东省生物制品与药物研究所（原广东省药物研究所与生物制品研究所）		
广东省家禽科学研究所		
广东省航运科学研究所		
广东省造纸研究所		
广东省技术开发中心		
广东省中医研究所		
广东省沼气研究所		
广州半导体材料研究所		
广州机械设计研究院		
广东省陶瓷研究所		
广东省化学纤维研究所		

注：以上资料与数据来自广东科技统计、统计年鉴、广东科技年鉴整理归类。

2.3 广东省属科研机构主要特点

2.3.1 从部门分布来看

广东省县以上政府部门所属科研机构从2010年至2014年增加了22家，近几年处于稳定的状态。其中，省级部门所属科研机构从2010年至2014年只增加了4家，几乎保持着不变的状态。政府部门所属科研机构数量情况见图2-8。

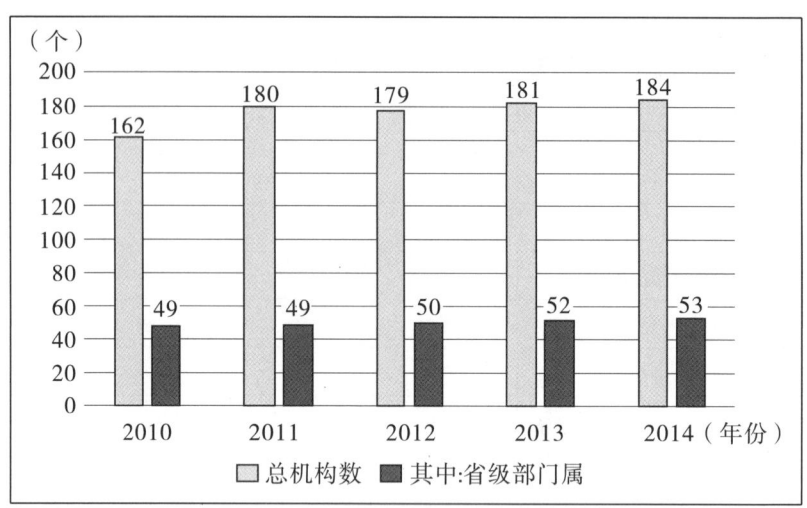

图2-8 广东省县以上政府部门所属科研机构

数据来源：广东科技统计、广东统计年鉴、广东科技年鉴整理归类。

广东省级部门属科研机构 R&D 经费支出 2010 年至 2014 年一直处于高速增长的阶段，由 14.41 亿元增长到 32.54 亿元，增长比例高达 125.81%，年均增长 23%。相应的经费总收入 2010 年至 2014 年也一直处于高增长的趋势，由 32.72 亿元增长到 61.87 亿元，增长比例高达 89.03%，年均增长 17%。具体情况如图 2-9。

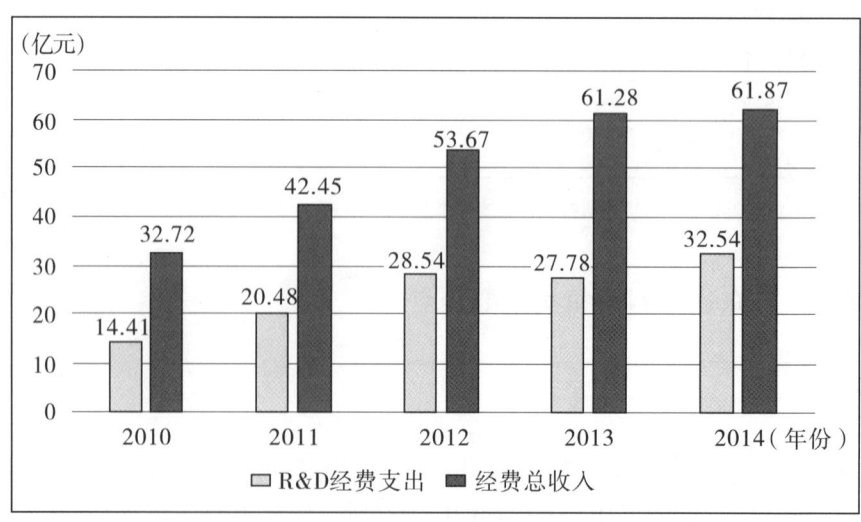

图2-9 广东省级部门所属科研机构经费概况

数据来源：广东科技统计、广东统计年鉴、广东科技年鉴整理归类。

广东省级部门所属科研机构单位在职科技活动人员从 2010 年至 2013 年也连年增加,至 2013 年已增加到 5 878 人。2014 年却有所下降,相比于 2013 年减少了 109 人。从学历情况来看,无论是硕士学历还是博士学历,从业人数都在不断扩充增加,表明科研机构更偏向于招收高层次科研人才来增强自身的科研实力。具体情况如图 2-10。

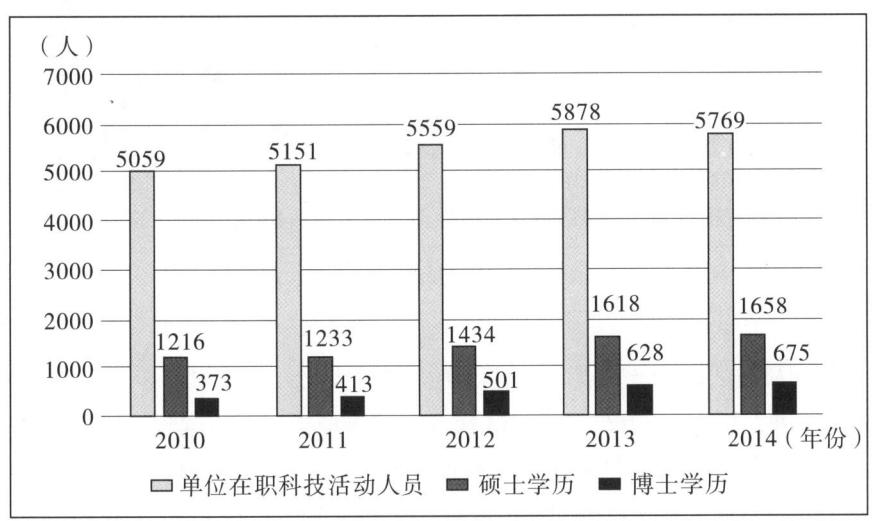

图 2-10 广东省级部门属科研机构人员概况

数据来源:广东科技统计、广东统计年鉴、广东科技年鉴整理归类。

2.3.2 从不同领域的科研机构来看

从不同领域的科研机构来看,R&D 经费支出最少的为社会发展科研机构,最多的为工业科研机构。从 2014 年的数据来看,社会发展科研机构 R&D 经费支出为 1.40 亿元,工业科研机构 R&D 经费支出为 13.86 亿元,相差近乎 10 倍。这主要是由科研机构性质的差异所造成的,社会发展科研机构更偏向于公益性质,而工业科研机构偏向于技术研究,国家对于技术研发类的投入力度更大。另外,科技服务科研机构是近年新发展起来的偏向于服务咨询的科研机构,这类机构正处于高速的增长发展阶段。而传统的农业科研机构虽然在 R&D 经费支出上也有一定的增长,但已经处于成熟阶段,正趋向于饱和。具体情况见图 2-11 所示。

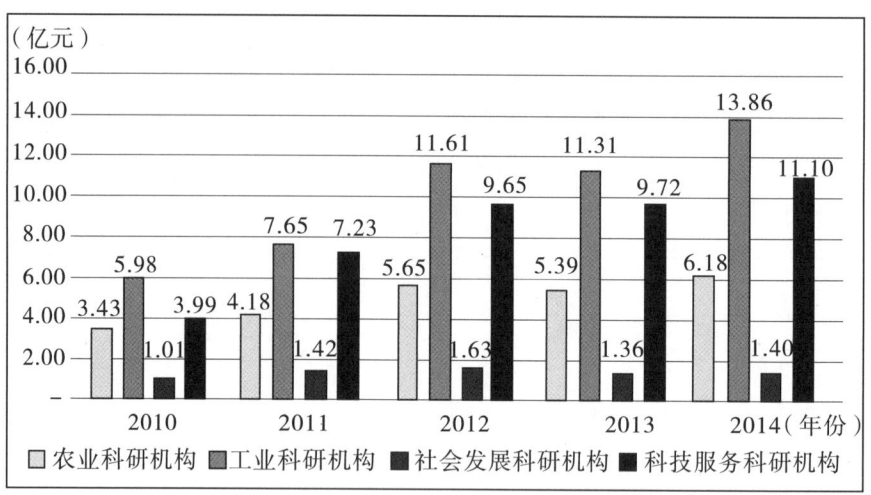

图 2-11 四大领域科研机构 R&D 经费

数据来源：广东科技统计、广东统计年鉴、广东科技年鉴整理归类。

从在职科技活动人员来看，工业科研机构的从业人数依旧最多，到 2014 年已达到 2 891 人，相比于 2012 年与 2013 年几乎并未增长，趋于饱和。科技活动人员从业人数最少的社会发展科研机构人数连年递减，至 2014 年减少至 421 人。农业科研机构与科技服务科研机构的科技活动从业人员处于波动状态。但总体来看，科技服务科研机构呈现增长态势，农业科研机构正在缓慢减少。具体情况如图 2-12。

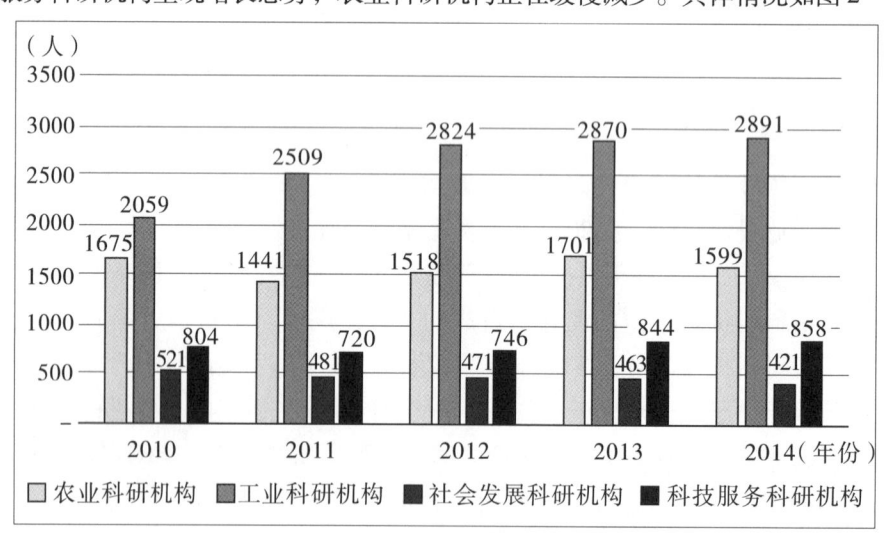

图 2-12 四大领域科研机构在职科技活动人员

数据来源：广东科技统计、广东统计年鉴、广东科技年鉴整理归类。

2.3.3 从科研机构改革与发展特点来看

（1）农业与工业科研机构改革与发展特点。一方面，对国家经贸委管理和国务院部属科研机构进行企业化转制，转制比例达到78%。另一方面，对广东省省属科研机构重新分类和定位，农业与工业科研机构比例达到57%。当前，我国农业与工业科研机构改革主要包括独立模式、"一所两制"模式、大循环模式、股份制模式、产权多元化的产业模式、G模式（人、制度、创新三位一体）等几种类型。

（2）科技服务与社会发展领域科研机构改革与发展特点。当前，我国社会领域科研机构外延包括从事社会发展事业、技术基础工作和农业科学研究工作三个方面。1998年以来，中央和地方先后对不同类型、分属不同部门的科研机构实行分类改革。在国家层面，从政策、基建和科研经费等方面加大了扶持力度，加强了结构调整、人员分流和机制转变等管理体制改革，从而提升了科研能力和产业化水平。在地方层面，山东、辽宁、福建、天津科研机构改革亮点突出，广东则重点推动科研机构分类改革，组建广东省工业技术研究院、广东省农业主体科研机构、广东省社会发展主体科研机构、广东省现代服务业主体科研机构等若干主体科研机构。

第 3 章　广东省属科研机构
创新能力评价指标体系研究

本章在分析国内外科研机构创新能力综合评价指标体系研究现状基础上，结合广东省科技发展和广东省属科研机构发展的基本情况，首先构建了广东省属科研机构创新能力综合评价指标体系分析。其次，分别提出了农业、工业、社会发展与科技服务四大类省属科研机构创新能力综合评价指标体系和技术开发类、咨询服务类、公益类三大类省属科研机构创新能力综合评价指标体系。

3.1　科研机构创新能力综合评价指标体系

发达国家对科研机构的评价起步较早，一些国家已经形成了颇具特色的科研机构评价体系。

德国科研机构评价主要从以下几方面展开：科研机构开展的工作与其整体工作和研究任务的符合程度，研究工作与成果的科学价值性与独创性，所取得研究成果与投入经费之比，与其他研究单位开展合作的情况，以及未来发展的可能性等。

英国的科研评价系统是欧洲最为成熟的科研机构评价体系，评价内容有科研环境、科研人员概况、论著及其他产出成果、外部项目收入情况、常规考察及附加信息等。

加拿大科研机构评价的目的是提高自身研究开发能力和项目执行能力，评价的内容涵盖范围较全面，涉及科研机构外部环境评价、内部运作评价、机构动机评价以及领导机构评价。具体指标包括政策、管理、经济、社会文化、外部需求等外部环境因素，任务完成程度、资源有效利用程度等科研机构内部运作评价指标，科研机构的历史、任务、文化、奖励机制等动机评价指标，战略领导层、基本资源情况、项目管理能力等领导机构评价指标。

法国以使国家能有效地管理科研机构为评价目的，科研机构评价内容为发展方向、内部机构设置的合理性、科研课题、国家科研投入以及科研人员的称职程度等。

第3章 广东省属科研机构创新能力评价指标体系研究

美国、日本的科研机构评价是从科技人员、研究计划与课题、产出成果效率等方面展开评价。

以上科研机构评价的内容与指标体系存在一个相似之处：大多是从系统角度，按科研机构科技活动的输入、处理、输出、接收等过程进行评价。

国内大多数学者都是从科研机构创新资源、创新活动以及社会职能角度分析其科技创新能力，具有代表性的研究成果见表3-1。

表3-1 科研机构创新能力评价指标综述表

研究人员	创新能力划分	创新能力评价指标
周维虎等（2000）	创新投入能力	创新人员、设备、经费，现有研究水平、研究成果，专利及技术资料，创新费用分布，技术引进和消化吸收投资，技术改造，内部培训，聘请顾问和内部借调人员
	创新管理能力	创新频率、数量、产品销售份额、战略、速度、成功率，激励机制，院所内外协作，院所沟通渠道
	研究开发设计能力	专利拥有数量，自主创新产品率，消化吸收再创新，开发时间和成本，优质设计能力，二次技术开发，设计周期
	生产能力	试制能力，批量生产能力，设备水平，工人素质，工艺水平，现代制造技术采用率，计量测试标准化水平，自动化程度，生产管理素质
	市场开发营销能力	市场研究分析，对用户和竞争对手的了解程度，营销周期、渠道，售后服务
徐欢等（2006）	创新的物质基础投入	每年科研经费筹集额，每年科研经费支出额
	创新人才的培养	从事科研活动的人员总数，高级职称以上科研人员总数，每年获得科研成果奖项数
	同其他单位的技术合作	每年与其他科研机构或大学签订的课题研究合同经费
	科研成果的转换和扩散	科研成果转化为军民产品的转让率，人均发表科研论文率，获得的专利数

续表 3-1

研究人员	创新能力划分	创新能力评价指标
沈继红等（2010）	科技创新竞争力	创新资源（科技活动人员、经费筹集额和支出，R&D 人员、硕博士比重，R&D 经费内部支出），创新成果（国内、国际科技期刊登论文数，国内专利申请权数，重大科技成果数，申请并参与科技项目，科学家工程师参与项目比重，项目实际经费支出，出版科技著作），创新成果转化（成交合同数，成交合同金额及占全省比重）
	科技创新影响力	科技活动强度（研发人员接受培训次数，每年召开科技会议数量，R&D 人员参加学术会议活跃度），科技活动水平（科研院所科研总产值，省相关产业技术贡献率，省相关产业经济贡献增长率），科技活动素质（国家重点实验室数量，每万人计算机拥有台量，公共图书馆数量）
	可持续创新力	资金引进（社会资金投入、外资引入、国家资金投入），人才引进（每年引进博士、硕士和博士后流动），项目引进（每年国际合作项目、承担国家级项目、省级项目）
范伟勇等（2011）	创新潜在能力	科技活动人员人均科技活动经费筹集增长率、人均科研仪器设备增长率，科技活动人员数量增长率、科学家与工程师比重提高率，机构人均流动资产增长率
	决策管理能力	科技活动人员人均争取国家项目数量增长率、地方项目数量增长率、企业项目数量增长率、人均机构自选项目数量增长率
	研发投入能力	课题活动人员人均科技活动经费支出增长率、经费内部支出增长率，R&D 课题经费占课题经费比重提高率，课题活动人员数量增长率、科学家工程师比重提高率、R&D 课题人员比重提高率
	研发活动能力	课题活动人员人均实施课题数增长率、当年开题课题数增长率、结题课题数增长率，R&D 课题数量比例提高率
	成果产出能力	科技活动人员人均发明申请量增长率、专利授权量增长率、发表科技论文增长率、新产品销售收入增长率、新产品销售利润增长率
	转化扩散能力	科技活动人员人均技术性收入增长率，来自企业的技术性收入比例提高率，对外科技服务人力投入量增长率，成果示范推广人力比例提高率

续表 3 – 1

研究人员	创新能力划分	创新能力评价指标
张卫国等 （2012）	创新基础	科技活动人员数、研究生所占比重，科技活动经费收入，科研仪器设备总值占固定资产总值的比重
	创新投入	R&D 人员、研究人员所占比重，R&D 经费内部支出、非政府资金比例、仪器设备购置费比例，人均 R&D 经费内部支出
	创新产出	发明专利授权量，专利所有权转让与许可收入，出版著作数，发表国际论文数等
	创新合作	R&D 项目经费中对外合作项目经费比重，外聘的流动学者，人均参加对外科技服务活动工作量合作
池敏青 （2012）	技术创新能力	人力投入，硬件投入，财力规模，课题储备
	组织管理能力	发展规划（规划的制定、落实情况），管理制度（制度的建立、落实情况）
	运行绩效能力	理论成果产出（知识产权、成果获奖、论文著作、研究成果登记等），社会经济效益（科技成果转化、公共技术和公益服务能力）

科研机构创新能力评价指标体系主要用于评价各大科研机构的创新能力，揭示科研机构创新能力变化的特点和差距。要想综合衡量科研机构的创新能力，仅采用一个单项指标或某几个指标必然具有一定的片面性和主观性，而采取的统计指标过多，又会在具体评价时存在操作上的困难。因为目前定性指标没有一个客观的标准，为了切实提高科研机构创新能力评价指标体系的可操作性，设计中将只包含定量指标，以便更直观地反映出各科研机构自身的实际情况。科研机构创新能力评价指标的选取原则与依据如下：

（1）相对独立，综合反映科研机构在创新方面的优势和劣势、能力和绩效；

（2）相对指标为主，突出创新带来的竞争能力；

（3）总量指标为辅，兼顾大小科研机构的平衡；

（4）定量统计指标为主，定性调查指标为辅；

（5）指标具有各类可比性；

（6）指标具有可扩展性；

（7）数据具有可获得性；

(8) 数据来源具有权威性。

本研究尽可能多地选取样本进行统计,梳理和参考了大量国内外相关文献,包括一系列科研机构创新能力评价指标相关研究,以及我国目前发布的一些创新能力调查研究表和创新能力评价的相关文件,如《中国主要科技指标数据库》《科学研究与技术开发机构调查表》《研究与发展(R&D)活动调查表》《深化科技体制改革实施方案》与《"十三五"国家科技创新规划》等。根据项目需求,在经过专家咨询以及反复调整筛选待选指标之后,结合科研机构创新基础能力、创新投入能力、创新产出能力以及创新社会效益等方面,构造了广东省属科研机构创新能力综合评价指标体系,见表3-2。

表3-2 广东省属科研机构创新能力综合评价指标体系

一级指标	二级指标	三级指标
创新基础能力	设施基础	国家、省级重点实验室数(包含研究室); 科研仪器设备金额; 科研房屋建筑金额
	人才基础	本科学历人数; 硕士学历人数; 博士学历人数; 中高级职称人数
创新投入能力	人力投入	R&D人员折合工作量投入; 技术人员折合工作量投入; 其他辅助人员折合工作量投入
	财力投入	R&D经费投入; 生产经营投入
	课题投入	R&D课题数; 其他课题数
创新营运能力	创新制度	创新精神、创新价值观等意识形态相适应的企业制度、规章、条例、组织结构等水平(定性)
	创新氛围	员工激励程度、满意度、工作氛围等(定性)
	创新文化	领导者表率、信息沟通与创新试验环境等(定性)

续表 3 – 2

一级指标	二级指标	三级指标
创新产出能力	论著产出	一般科技论文数； 高水平论文数； 科技专著数
	专利产出	专利申请数； 专利授权数
	成果奖励	国家级奖励数； 省部级奖励数； 其他奖励数
创新社会效应	推广与应用	科技成果推广应用人次； 专利转让及许可收入； 非专利营业收入
	人才培养	当年培养硕士学历人数； 当年培养中高级职称人数

一些重点指标解释如下：

● 科研房屋建筑物金额：指可直接用于科技活动的各种建筑设施。包括实验楼、实验室、实验性工厂（车间）、农场的有关建筑设施、学术报告场所、科技管理的办公建筑、科技器材物资仓库。不包括食堂、职工宿舍等福利性建筑。若以上各种建筑设施不是用于单一目的，按比例折算分别统计。

● 科学仪器设备金额：指从事科技活动的人员直接使用的科研仪器设备。不包括与基建配套的各种动力设备、机械设备、辅助设备，也不包括一般运输工具（科学考察用交通运输工具除外）和专用于生产的仪器设备。若科研与生产共用的仪器设备，则按其使用目的，统计在主要一方（不包括长期闲置不用的仪器和设备）。

● R&D 经费投入：指当年为进行 R&D 活动而实际用于本机构的全部投入，应按"全成本核算"的口径进行计算。包括劳务费、其他日常支出、仪器设备购置费、土地使用和建造费等。包括与外单位合作或委托外单位进行 R&D 活动而拨给对方的经费投入。

● R&D/技术/辅助人员折合全时工作量：指全时人员折合全时工作量与所有

非全时人员工作量之和,结果取整数。一名全时人员的折合全时工作量计为1,非全时人员按实际投入工作量进行累加。例如,有两名全时人员(他们的工作量分别为0.9年和1.0年)和三名非全时人员(他们的工作量分别为0.2年、0.3年和0.7年),则折合为

折合全时工作量 = 1 + 1 + 0.2 + 0.3 + 0.7 = 3(人/年)(四舍五入)

• 专利申请数:指调查单位在报告年度向国内外知识产权行政部门提出专利申请并被受理的件数。

• 专利授权数:指报告年度由国内外知识产权行政部门向调查单位授予专利权的件数。

• 一般科技论文数:各类一般层次的中英文期刊与杂志出版数。

• 高水平科技论文数:国家或国际及SCI/SSCI/EI等高质量收录论文数。

3.2 四大领域科研机构创新能力评价指标体系

在综合评价指标体系基础上,为突出不同领域科研机构创新能力的特点,本研究在参考国内外文献、相关国家规定的文件中的指标库以及实地调研的基础上构建了符合四大领域特点的科研机构创新能力评价指标体系。

对于农业科研机构,针对农业科研机构自身的特点,在评价指标体系中增加了农业部重点实验室、科研农业用地面积及科技下乡服务支出等科技指标,见表3-3。

表3-3 广东省属农业科研机构创新能力综合评价指标体系

一级指标	二级指标	三级指标
创新基础能力	设施基础	国家、省级及农业部重点实验室数(包含研究室); 科研农业用地面积; 科研仪器设备金额; 科研房屋建筑金额
	人才基础	本科学历人数; 硕士学历人数; 博士学历人数; 中高级职称人数

续表 3-3

一级指标	二级指标	三级指标
创新投入能力	人力投入	R&D 人员折合工作量投入； 技术人员折合工作量投入； 其他辅助人员折合工作量投入
	财力投入	R&D 经费投入； 生产经营投入
	课题投入	R&D 课题数； 其他课题数
创新营运能力	创新制度	创新精神、创新价值观等意识形态相适应的企业制度、规章、条例、组织结构等水平（定性）
	创新氛围	员工激励程度、满意度、工作氛围等（定性）
	创新文化	领导者表率、信息沟通与创新试验环境等（定性）
创新产出能力	论著产出	一般科技论文数； 高水平论文数； 科技专著数
	专利产出	专利申请数； 专利授权数
	成果奖励	国家级奖励数； 省部级奖励数； 其他奖励数
创新社会效应	推广与应用	科技成果推广应用人次； 技术指导人次（培训人数×天数）； 科技下乡（示范、试验推广等）服务支出； 专利转让及许可收入； 非专利营业收入
	人才培养	当年培养硕士学历人数； 当年培养中高级职称人数

一些重点指标解释如下：

• 科技下乡（示范、试验推广等）服务支出：科技下乡服务主要是推介发布科研所农业主导品种与主推技术行动。适时筛选科研所农业主导品种与主推技术，引导广大农民使用先进技术成果。科技下乡服务支出的费用反映了科研所对自己科研产品（技术）推广的重视程度，能在一定程度上衡量科研所科研成果的转化与扩散能力。

• 技术指导人次：为了推广农业科研成果并提高转化与扩散能力，技术指导是必不可少的一环。科研所主推科研成果品种、技术要领等都要进行技术培训。这里采用培训人数×天数来定量衡量技术指导。

对于工业科研机构，针对工业科研机构自身的特点，在评价指标体系中增加了工业国家或行业标准数、软硬件著作权数、工业行业证书数以及其他环保等指标，见表3-4。

表3-4 广东省属工业科研机构创新能力综合评价指标体系

一级指标	二级指标	三级指标
创新基础能力	设施基础	国家、省级重点实验室数（包含研究室）；科研仪器设备金额；科研房屋建筑金额
	人才基础	本科学历人数；硕士学历人数；博士学历人数；中高级职称人数
创新投入能力	人力投入	R&D人员折合工作量投入；技术人员折合工作量投入；其他辅助人员折合工作量投入
	财力投入	R&D经费投入；生产经营投入
	课题投入	R&D课题数；其他课题数
创新营运能力	创新制度	创新精神、创新价值观等意识形态相适应的企业制度、规章、条例、组织结构等水平（定性）
	创新氛围	员工激励程度、满意度、工作氛围等（定性）
	创新文化	领导者表率、信息沟通与创新试验环境等（定性）

续表3-4

一级指标	二级指标	三级指标
创新产出能力	论著产出	一般科技论文数； 高水平论文数； 科技专著数
	专利产出	专利申请数； 专利授权数
	其他产出	工业行业标准数； 工业行业证书数
	成果奖励	国家级奖励数； 省部级奖励数； 其他奖励数
创新社会效应	推广与应用	科技成果推广应用人次； 技术指导人次（培训人数×天数）； 专利转让及许可收入； 非专利营业收入
	人才培养	当年培养硕士学历人数； 当年培养中高级职称人数
	环保效能	废水、废气排放达标率； 固定资产环保设施率

一些重点指标解释如下：

• 工业行业标准数：指报告年度调查单位在工业领域自主研发或自主知识产权基础上形成的国家或行业标准。

• 工业行业证书数：集成电路布图设计登记数、工业类特定的行业其他证书数等。

• 废水、废气达标率：达标废水、气量/总废水、废气量。

• 固定资产环保设施率：环保设施原值/固定资产原值。

针对科技服务科研机构自身的特点，在评价指标体系中增加了服务政府（事业单位）数、服务企业数、服务人次、服务质量（好评数/服务总数）来衡量服务应用水平，见表3-5。

表 3-5　广东省属科技服务科研机构创新能力综合评价指标体系

一级指标	二级指标	三级指标
创新基础能力	设施基础	国家、省级重点实验室数（包含研究室）； 科研仪器设备金额； 科研房屋建筑金额
	人才基础	本科学历人数； 硕士学历人数； 博士学历人数； 中高级职称人数
创新投入能力	人力投入	R&D 人员折合工作量投入； 技术人员折合工作量投入； 其他辅助人员折合工作量投入
	财力投入	R&D 经费投入； 生产经营投入
	课题投入	R&D 课题数； 其他课题数
创新营运能力	创新制度	创新精神、创新价值观等意识形态相适应的企业制度、规章、条例、组织结构等水平（定性）
	创新氛围	员工激励程度、满意度、工作氛围等（定性）
	创新文化	领导者表率、信息沟通与创新试验环境等（定性）
创新产出能力	论著产出	一般科技论文数； 高水平论文数； 科技专著数
	专利产出	专利申请数； 专利授权数
	成果奖励	国家级奖励数； 省部级奖励数； 其他奖励数

续表 3-5

一级指标	二级指标	三级指标
创新社会效应	推广与应用	科技成果推广应用人次； 技术指导人次（培训人数×天数）； 专利转让及许可收入； 非专利营业收入
	服务应用	服务政府（事业单位）数； 服务企业数； 服务人次（个人）； 服务质量（好评数/服务总数）
	人才培养	当年培养硕士学历人数； 当年培养中高级职称人数

一些重点指标解释如下：

- 服务应用：科技服务类的独特指标。科技服务包含研究开发及其服务、技术转移服务、检验检测认证服务、创业孵化服务、知识产权服务、科技咨询服务、科技金融服务、科学技术普及服务、综合科技服务等。这里，服务应用采用服务政府（事业单位）数、服务企业数、服务人次、服务质量（好评数/服务总数）来衡量服务应用水平。

对于社会发展科研机构，包含医疗卫生、创新药物与中药现代化、公共安全以及城市发展和城镇建设等公益类性的科研机构等。针对社会发展科研机构自身的特点，我们在评价指标体系中增加了新药证书数、标准制定数、社会发展公益成果推广以及社会发展公益服务支出等指标，见表 3-6。

表 3-6 广东省属社会发展科研机构创新能力综合评价指标体系

一级指标	二级指标	三级指标
创新基础能力	设施基础	国家、省级重点实验室数（包含研究室）； 科研仪器设备金额； 科研房屋建筑金额
	人才基础	本科学历人数； 硕士学历人数； 博士学历人数； 中高级职称人数

续表 3-6

一级指标	二级指标	三级指标
创新投入能力	人力投入	R&D 人员折合工作量投入； 技术人员折合工作量投入； 其他辅助人员折合工作量投入
	财力投入	R&D 经费投入； 社会发展公益性投入
	课题投入	R&D 课题数； 其他课题数
创新营运能力	创新制度	创新精神、创新价值观等意识形态相适应的企业制度、规章、条例、组织结构等水平（定性）
	创新氛围	员工激励程度、满意度、工作氛围等（定性）
	创新文化	领导者表率、信息沟通与创新试验环境等（定性）
创新产出能力	论著产出	一般科技论文数； 高水平论文数； 科技专著数
	专利产出	专利申请数； 专利授权数
	其他产出	行业证书数（医疗、公共安全、城市发展及公益等）； 标准制定数
	成果奖励	国家级奖励数； 省部级奖励数； 其他奖励数
创新社会效应	推广与应用	社会发展公益成果推广； 社会发展公益服务支出； 专利转让及许可收入； 非专利营业收入
	人才培养	当年培养硕士学历人数； 当年培养中高级职称人数

一些重点指标解释如下：
- 行业证书数：如医药方面有新药证书数、公共安全以及城市发展和城镇建设等公益类性的证书。
- 标准制定数：指报告年度科研机构在自主研发或自主知识产权基础上形成的标准。
- 社会发展公益成果推广：社会发展公益类技术培训、成果展销（览）会、媒体宣传等支出。
- 社会发展公益服务支出：公益方面咨询、社会公众服务等人次。

3.3 三大类型科研机构创新能力评价指标体系

按照广东省科技厅开展深化科技体制改革调研中对省属科研机构的调查统计数据划分，省属科研机构又可分为技术开发类、咨询服务类、公益类三大类科研机构。其中，技术开发类中包含农业、工业、科技服务及社会发展中的一些专注于开发研究类的科研机构，咨询服务类与科技服务较为类似，公益类与社会发展分类标准类似。具体的评价指标体系如表3-7至表3-9。

表3-7 广东省属技术开发类科研机构创新能力指标体系

一级指标	二级指标	三级指标
创新基础能力	设施基础	国家、省级重点实验室数（包含研究室）；科研仪器设备金额；科研房屋建筑金额
	人才基础	本科学历人数；硕士学历人数；博士学历人数；中高级职称人数
创新投入能力	人力投入	R&D人员折合工作量投入；技术人员折合工作量投入；其他辅助人员折合工作量投入
	财力投入	R&D经费投入；生产经营投入
	课题投入	R&D课题数；其他课题数

续表 3-7

一级指标	二级指标	三级指标
创新营运能力	创新制度	创新精神、创新价值观等意识形态相适应的企业制度、规章、条例、组织结构等水平（定性）
	创新氛围	员工激励程度、满意度、工作氛围等（定性）
	创新文化	领导者表率、信息沟通与创新试验环境等（定性）
创新产出能力	论著产出	一般科技论文数； 高水平论文数； 科技专著数
	专利产出	专利申请数； 专利授权数
	成果奖励	国家级奖励数； 省部级奖励数； 其他奖励数
创新社会效应	推广与应用	科技成果推广应用人次； 专利转让及许可收入； 非专利营业收入
	人才培养	当年培养硕士学历人数； 当年培养中高级职称人数

表 3-8 广东省属咨询服务类科研机构创新能力指标体系

一级指标	二级指标	三级指标
创新基础能力	设施基础	国家、省级重点实验室数（包含研究室）； 科研仪器设备金额； 科研房屋建筑金额
	人才基础	本科学历人数； 硕士学历人数； 博士学历人数； 中高级职称人数

续表 3-8

一级指标	二级指标	三级指标
创新投入能力	人力投入	R&D 人员折合工作量投入； 技术人员折合工作量投入； 其他辅助人员折合工作量投入
	财力投入	R&D 经费投入； 生产经营投入
	课题投入	R&D 课题数； 其他课题数
创新营运能力	创新制度	创新精神、创新价值观等意识形态相适应的企业制度、规章、条例、组织结构等水平（定性）
	创新氛围	员工激励程度、满意度、工作氛围等（定性）
	创新文化	领导者表率、信息沟通与创新试验环境等（定性）
创新产出能力	论著产出	一般科技论文数； 高水平论文数； 科技专著数
	专利产出	专利申请数； 专利授权数
	成果奖励	国家级奖励数； 省部级奖励数； 其他奖励数
创新社会效应	推广与应用	科技成果推广应用人次； 技术指导人次（培训人数×天数）； 专利转让及许可收入； 非专利营业收入
	服务应用	服务政府（事业单位）数； 服务企业数； 服务人次（个人）； 服务质量（好评数/服务总数）
	人才培养	当年培养硕士学历人数； 当年培养中高级职称人数

表3-9 广东省属公益类科研机构创新能力指标体系

一级指标	二级指标	三级指标
创新基础能力	设施基础	国家、省级重点实验室数（包含研究室）； 科研仪器设备金额； 科研房屋建筑金额
	人才基础	本科学历人数； 硕士学历人数； 博士学历人数； 中高级职称人数
创新投入能力	人力投入	R&D人员折合工作量投入； 技术人员折合工作量投入； 其他辅助人员折合工作量投入
	财力投入	R&D经费投入； 社会发展公益性投入
	课题投入	R&D课题数； 其他课题数
创新营运能力	创新制度	创新精神、创新价值观等意识形态相适应的企业制度、规章、条例、组织结构等水平（定性）
	创新氛围	员工激励程度、满意度、工作氛围等（定性）
	创新文化	领导者表率、信息沟通与创新试验环境等（定性）
创新产出能力	论著产出	一般科技论文数； 高水平论文数； 科技专著数
	专利产出	专利申请数； 专利授权数
	其他产出	行业证书数（医疗、公共安全、城市发展及公益等）； 标准制定数
	成果奖励	国家级奖励数； 省部级奖励数； 其他奖励数

续表 3-9

一级指标	二级指标	三级指标
创新社会效应	推广与应用	社会发展公益成果推广； 社会发展公益服务支出； 专利转让及许可收入； 非专利营业收入
	人才培养	当年培养硕士学历人数； 当年培养中高级职称人数

第4章 广东省属科研机构创新能力评价方法研究

本章在分析国内外科研机构创新能力综合评价方法研究现状基础上，结合广东省属科研机构创新能力评价指标体系情况，分别提出了创新能力 AHP–模糊综合评价法、考虑专家犹豫度偏好的创新能力区间直觉模糊排序方法、科研机构创新能力 LFPP–FAHP 动态评价方法以及科研机构创新能力灰色预测方法等。

4.1 科研机构创新能力评价方法综述

决策科学领域中诸如科研机构创新能力评价等问题大多具有模糊性，因此该类问题适合使用模糊决策的相关理论来解决。比如，研究若干个科研机构的创新能力的排序问题时，学者通常从创新产出、创新活动等属性来评价。然而，在具体展开决策研究时常常发现，类似于创新产出高、较高等评语的判定界限并不分明，科研机构对评语集的隶属关系存在"亦此亦彼"性。纵览目前评价方法的研究进展，已有文献的评价方法较少考虑到决策者在对评价指标进行判断时多采用模糊语言信息的客观事实，模糊评价方法挖掘不够深入。因此，针对广东省属科研机构，考虑到多指标评价情况的复杂多变性和决策者主观思维的模糊性和不确定性，本课题的评价方法基于模糊集环境对广东省属科研机构的创新能力进行刻画。曹玲燕[47]考虑到实际情况下互联网金融中不同类别的风险，将层次分析与模糊数学相结合，评估了目前国内互联网金融的整体风险水平。杨淇蔚等[48]运用模糊综合评价法，提出贵州省科研机构创新绩效评价指标体系，并设计出该指标体系的评价模型。刘春凤等[49]采用模糊数学综合评价法，通过建立综合评价指标体系，引入模糊综合评价模型对啤酒口感协调性的评价进行了描述。

目前模糊评价领域的研究热点之一为区间直觉模糊多属性决策方法。本课题重点研究了区间直觉模糊多属性评价方法。经典的模糊集理论在实践中因表达的内蕴信息较少而受到了众多限制，对此 Atanassov[50] 提出了直觉模糊集理论，定义了隶属度、非隶属度和犹豫度三个概念。为解决隶属度与非隶属度等信息有时无法用准确实数值来刻画的问题，Atanassov 和 Gargov[51] 进一步推广了直觉模糊集,定义了区间直觉模糊集的概念,并且定义了区间直觉模糊集的一些基本运算法则。区间直觉模糊集的优点是隶属度和非隶属度均为区间值,可以更加灵活地刻画模糊性,所以相关理论也常常被用来解决投资评价等多属性评价问题。

目前部分国内外学者围绕着直觉模糊决策中的属性权重不确定决策、相似性测度理论以及得分函数的构建方法来展开研究并取得了一些成果。属性权重不确定决策研究方面,Luo 等[52]建立了基于最小误差原则的直觉模糊信息优化模型,求取了属性值权重。Qian 等[53]针对属性权重不确定情形下的多准则决策问题,基于理想点法构建了三个优化模型,通过求解模型得到属性的客观权重。杨威等[54]采用区间直觉模糊不确定语言变量建模不确定信息,然后利用最大偏差法建立一个线性规划模型来计算西安地铁壁画的权重向量。Xu 等[55]基于极大偏差法来确定准则的权重大小,并给出了根据犹豫模糊信息的 TOSIS 决策方法。Chen 等[56]基于约束模糊 AHP 方法,根据 FTOPSIS 对方案集进行了比较。李艳玲等[57]研究了区间直觉模糊数的几何意义,基于熵值最大化原理,求出导弹技术相关指标的权重。

直觉模糊集的相似性测度研究方面,Gerstenkorn 和 Manko[58]为了反映方案之间的相似程度,提出了直觉模糊集的关联测度函数和相关系数的公式。Bustince 和 Burillo[59]定义了区间直觉模糊集的近似度的度量。Xu[60]给出了一种新的直觉模糊集关联公式,并推广到区间直觉模糊集理论,且把此方法应用到了医疗领域。Xu[61]从集合论的角度进行考虑,并给出了一种基于集合论的直觉模糊集关联系数。Xu[62]提出了基于距离测度的区间直觉模糊矩阵群决策方法,但由于距离测度本身的缺点及犹豫度的缺失导致存在内蕴信息利用不完备的问题。Asma 和 Mujahid[63]定义了一个基于 Hausdorff 距离的直觉模糊软集的相似性测度,并把这个应用推广到了医疗诊断。Xu 等[64]考虑了 MADM 问题中犹豫模糊集的问题,给出了一个改进的基于 TOPSIS 和极大利差法来解决 MADM 的模型。Liao 等[65]指出了目前犹豫模糊集相关系数的不足,定义了一个新的相关系数公式。

直觉模糊集的得分函数构建研究方面,Hong[66]从隶属度 μ_A 和非隶属度 v_A 出发,提出得分函数和精确函数分别为 $S_A = \mu_A - v_A$ 和 $H_A = \mu_A + v_A$。刘华文[67]考虑到犹豫的投票人会受到他人影响,将犹豫度 π_A 按照比例划分为 $\mu_A \pi_A$(μ_A 为隶属度)、$v_A \pi_A$(v_A 为非隶属度)和 $(1 - \mu_A - v_A) \pi_A$ 三部分,提出 $S_A = \mu_A(1 + \pi_A)$。林志贵等[68]认为犹豫部分会减少得分函数,给出得分函数 $S_A = \mu_A - \pi_A = 2\mu_A + v_A - 1$。Wang 等[69]提出 $S(A) = (3\mu_A - v_A - 1)/2$。Lin 等[70]综合考虑了得分函数和精确函数,定义得分函数为 $S(A) = \mu_A/2 + 3/2(1 - \pi_A) - 1$。Ye[71]认为

划分后的犹豫部分 $(1 - \mu_A - v_A)$ 对得分函数产生负向影响,得到得分函数 $S_A = \mu_A(1 + \pi_A) - \pi_A^2$。王中兴等[72]定义了排序直觉模糊数的含犹豫度参数的得分函数,得到 $S_A(A) = (\mu_A - v_A)(1 + \pi_A) + \lambda \pi_A^2$。

综上所述,区间直觉模糊集排序方法研究方面,此前学者们较少地考虑到决策专家对犹豫度偏好不同会对区间直觉模糊集得分函数、属性熵以及相似性测度产生怎样的影响,目前此方面的研究相对缺乏。在实际决策过程中,由于专家知识、数据和经验等方面的差异,决策专家往往具有较强的主观意愿,对犹豫度信息的偏好程度会有不同,因而会对同一个区间直觉模糊数得分函数值的大小、区间直觉模糊数的相似值的判断存在差异。此外,由于在决策系统中,不同方案集在某一属性下模糊数的得分函数值的差异程度反映了该属性的信息熵。熵值越大,属性的差异程度越大,从而该属性对综合评价的影响也越大,该属性的权重也越大。因此,决策者对犹豫度偏好不同会导致得分函数大小的不同,进而导致属性权重大小的不同。下面从决策专家对犹豫度的态度,直觉模糊集相似性测度等视角构建排序方法,为区间直觉模糊决策理论在广东省属科研机构创新能力排名应用提供理论依据。

4.2 创新能力 AHP – 模糊综合评价法

4.2.1 模糊数学基本概念

1965 年,Zadeh[73]提出了模糊的概念以及模糊数学的相关理论。本节首先介绍模糊集合相关概念。

1. 模糊集和隶属函数

定义 1 论域 X 到 $[0,1]$ 闭区间上的任意映射:

$$\mu_A : X \to [0,1]$$
$$x \to \mu_A(x)$$

都确定 X 上的一个模糊集合 A, μ_A 叫作 A 的隶属函数, $\mu_A(x)$ 叫作 x 对模糊集 A 的隶属度,记为

$$A = \{(x, \mu_A(x) \mid x \in X)\}$$

当论域 X 为有限集时,记 $X = \{x_1, x_2, \cdots, x_n\}$,则 X 上的模糊集 A 可表示如下:

(1) Zadeh 表示法。

$$A = \sum_{i=1}^{n} \frac{\mu_A(x_i)}{x_i} = \frac{\mu_A(x_1)}{x_1} + \frac{\mu_A(x_2)}{x_2} + \cdots + \frac{\mu_A(x_n)}{x_n}$$

注:"$\sum$"和"$+$"不是求和的意思,只是概括集合诸元的记号;"$\frac{\mu_A(x_i)}{x_i}$"表示点 x_i 对模糊集 A 的隶属度为 $\mu_A(x_i)$。

(2)序偶表示法。

$$A = \{(x_1, \mu_A(x_1)), (x_2, \mu_A(x_2)), \cdots, (x_n, \mu_A(x_n))\}$$

(3)向量表示法。

$$A = (\mu_A(x_1), \mu_A(x_2), \cdots, \mu_A(x_n))$$

当论域 X 为无限集时,X 上的模糊集 A 可以写成

$$A = \int_{x \in X} \frac{\mu_A(x)}{x}$$

注:"$\int$"为记号,并不表示积分的意思。

定义2 对于论域 X 上的模糊集 A,B,其隶属函数分别为 $\mu_A(x)$,$\mu_B(x)$。
(1)若对任意 $x \in X$,有 $\mu_B(x) \leq \mu_A(x)$,则称 A 包含 B,记为 $B \subseteq A$;
(2)若 $A \subseteq B$ 且 $B \subseteq A$,则称 A 与 B 相等,记为 $A = B$。

定义3 对于论域 X 上的模糊集 A,B。
(1)称 Fuzzy 集 $C = A \cup B$,$D = A \cap B$ 为 A 与 B 的并(union)和交(intersection),即

$$C = (A \cup B)(x) = \max\{A(x), B(x)\} = A(x) \vee B(x)$$
$$D = (A \cap B)(x) = \min\{A(x), B(x)\} = A(x) \wedge B(x)$$

它们相应的隶属度 $\mu_C(x)$,$\mu_D(x)$ 被定义为

$$\mu_C(x) = \max\{\mu_A(x), \mu_B(x)\}$$
$$\mu_D(x) = \min\{\mu_A(x), \mu_B(x)\}$$

(2)Fuzzy 集 A^C 为 A 的补集或余集(complement),其隶属度

$$\mu_{A^C}(x) = 1 - \mu_A(x)$$

确定隶属度是解决模糊评价问题的关键。常见有以下几种方法:
①模糊统计方法。

模糊统计方法主要是基于模糊统计试验的基础上来确定,实验一般包含以下四个要素:

ⅰ.论域 X;

ⅱ.X 中的一个固定元素 x_0;

ⅲ.X 中一个随机变动的几何 A^*(普通集);

ⅳ. X 中一个以 A^* 作为弹性边界的模糊集 A，对 A^* 的变动起着制约作用。其中 $x_0 \in A^*$，或者 $x_0 \notin A^*$，致使 x_0 对 A 的关系是不确定的。

如果实验 n 次，可得

$$x_0 \text{ 对 } A \text{ 的隶属频率} = \frac{x_0 \in A^* \text{ 的次数}}{n}$$

当 n 不断增大时，隶属频率趋于稳定，该稳定值称为 x_0 对 A 的隶属度，即

$$\mu_A(x_0) = \lim_{n \to \infty} \frac{x_0 \in A^* \text{ 的次数}}{n}$$

②指派方法。

指派方法是一种主观的方法，它主要依据人们的实践经验来确定某些模糊集隶属函数。

③其他方法。

在实际应用中，用来确定模糊集的隶属函数的方法是多种多样的，主要根据问题的实际意义来确定。譬如，在经济管理、社会管理中，可以借助于专家的判断作为模糊集的隶属度。

模糊关系、模糊矩阵的定义及运算如下：

定义4 设论域 U, V，乘积空间上 $U \times V = \{(u,v) | u \in U, v \in V\}$ 上的一个模糊子集 R 为从集合 U 到集合 V 的模糊关系。如果模糊关系 R 的隶属函数为

$$\mu_R : U \times V \to [0,1], \quad (x,y) \text{a } \mu_R(x,y)$$

则称隶属度 $\mu_R(x,y)$ 为 (x,y) 关于模糊关系 R 的相关程度。

定义5 设矩阵 $R = (r_{ij})_{m \times n}$，且 $r_{ij} \in [0,1]$，$i = 1,2,\cdots,m$，$j = 1,2,\cdots,n$，则 R 称为模糊矩阵。

2. 模糊运算与合成

定义6 设 $A = (a_{ij})_{m \times n}$，$B = (b_{ij})_{m \times n}$，$(i = 1,2,\cdots,m, j = 1,2,\cdots,n)$ 都是模糊矩阵，定义：

(1) 相等：$A = B \Leftrightarrow a_{ij} = b_{ij}$

(2) 包含：$A \leq B \Leftrightarrow a_{ij} \leq b_{ij}$

(3) 并：$A \cup B \Leftrightarrow (a_{ij} \vee b_{ij})_{m \times n}$

(4) 交：$A \cap B \Leftrightarrow (a_{ij} \wedge b_{ij})_{m \times n}$

(5) 余：$A^C = (1 - a_{ij})_{m \times n}$

定义 7 设 $A = (a_{ik})_{m \times s}$, $B = (b_{kj})_{s \times n}$, 称模糊矩阵

$$A \circ B = (c_{ij})_{m \times n}$$

为 A 与 B 的合成, 其中 $c_{ij} = \max\{(a_{ik} \wedge b_{kj}) \mid 1 \leq k \leq s\}$。

4.2.2 AHP-模糊综合评价方法

1. 层次分析法（AHP）

AHP 首先把与决策相关的影响因子分层，然后用决策者的经验合理地为每个决策指标评出相应的值用来代表各个决策指标之间的相对重要性，最后利用数学运算得出所有指标的权重值，并按权重值的大小对决策指标进行排序，进而使决策者了解到各决策指标的相对重要性。正因为如此，AHP 常用来解决评价问题中的指标求权的问题。

AHP 运算的基本步骤如下：

第一步，建立递阶层次结构。一般分为三层，即目标层、准则层和因素层，其中，目标层由准则层加以反映，准则层由具体判定因素层进行反映（图 4-1）。

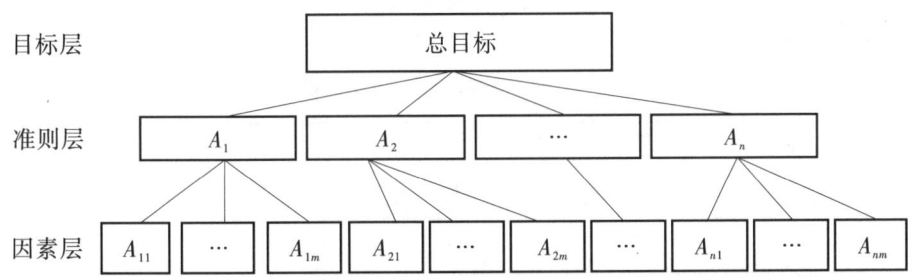

图 4-1 AHP 递阶层次结构

记 $A = \{A_1, A_2, \cdots, A_n\}$，其中 A 代表因素集，A_i 为因素集中的第 i 个因素，并且满足 $A_i \cap A_j = \varnothing (i \neq j)$，将 $A = \{A_1, A_2, \cdots, A_n\}$ 称为一级因素集。其中 $A_i = \{A_{i1}, A_{i2}, \cdots, A_{im}\} (i = 1, 2, \cdots, n)$，称为第二级因素集。

第二步，构造判断矩阵。为了尽可能地减少性质不同的众多指标相互比较的困难，提高准确度，采用 1—9 标度方法（表 4-1），对各层次内部和各层次之间指标的相对重要性进行两两互相对比，构造相应的判断矩阵。在层次结构模型中，要比较一级因素集 $A = \{A_1, A_2, \cdots, A_n\}$ 中 n 个因素对上一层（目标层）的影响，每次选取两个因素 A_i 和 A_j，用 x_{ij} 表示 A_i 和 A_j 对目标层的相对重要性之比，全部比较结果就构成了一级指标的判断矩阵。

表 4-1　判断标度

标尺 x_{ij}	定义	说明
1	同等重要	A_i 和 A_j 同样重要
3	稍微重要	A_i 比 A_j 稍微重要
5	相当重要	A_i 比 A_j 重要得多
7	明显重要	A_i 比 A_j 明显重要
9	绝对重要	A_i 比 A_j 绝对重要
2, 4, 6, 8	两个相邻判断的中间值	重要性介于上述相邻标度之间
1, 1/2, …, 1/9	互反数	相对重要性为上面 x_{ij} 的互反数

第三步，层次单排序与一致性检验。

(1) 计算一致性指标为 $CI = \dfrac{\lambda_{\max} - n}{n - 1}$。

(2) 查找相应的平均随机一致性指标 RI。对 $n = 1, \cdots, 9$，Saaty 给出了 RI 的值，如表 4-2 所示。

表 4-2　平均随机一致性指标

n	1	2	3	4	5	6	7	8	9
RI	0	0	0.58	0.90	1.12	1.24	1.32	1.41	1.45

求得最大特征根的平均值 $\lambda'_{\max}$，并定义

$$RI = \frac{\lambda'_{\max} - n}{n - 1}$$

(3) 计算一致性比例 $CR = \dfrac{CI}{RI}$。当 $CR < 0.1$ 时，认为判断矩阵的一致性是可以接受的，否则应对判断矩阵作适当修正。

2. 模糊综合评价法（FCE）

FCE 是一种基于模糊数学的综合评价方法。它具有评价结果清晰和系统性强的特点，因此，其能够较好地解决模糊的、难以量化的非确定性问题，已在工程技术、经济管理领域得到了广泛应用。

模糊综合评价法的基本步骤如下：

(1) 确定被评判对象的因素论域 $U, U = (u_1, u_2, \cdots, u_n)$。

(2) 确定评语等级论域 $V, V = (v_1, v_2, \cdots, v_n)$。通常评语有 $V = $（很高，高，

第 4 章 广东省属科研机构创新能力评价方法研究

较高，…，较低，低，很低)；本课题创新能力评价采用五级标准，即评价集为 $V = \{V_1, V_2, V_3, V_4, V_5\} = \{$ 创新能力强、创新能力较强、创新能力中等、创新能力较低、创新能力低$\}$。此外，本文定义 $V = \{V_1, V_2, V_3, V_4, V_5\} = \{9,7,5,3,1\}$ 来将创新能力评级转化为数值形式。

(3) 进行单因素评判，建立模糊关系矩阵 R。

$$R = \begin{bmatrix} r_{11} & r_{12} & \cdots & r_{1m} \\ r_{21} & r_{22} & \cdots & r_{2m} \\ \vdots & \vdots & & \vdots \\ r_{n1} & r_{n2} & \cdots & r_{nm} \end{bmatrix}, \quad 0 \leq r_{ij} \leq 1$$

其中，r_{ij} 为 U 中因素 u_i 对于 V 中等级 v_j 的隶属关系。

(4) 确定评判因素权向量 $A = (a_1, a_2, \cdots, a_n)$，$A$ 是 U 中各因素对被评事物的隶属关系。

(5) 选择评价的合成算子，将 A 与 R 合成得到 $B = (b_1, b_2, \cdots, b_m)$。

$$B = A \circ R = (a_1, a_2, \cdots, a_n) \circ \begin{bmatrix} r_{11} & r_{12} & \cdots & r_{1m} \\ r_{21} & r_{22} & \cdots & r_{2m} \\ \vdots & \vdots & & \vdots \\ r_{n1} & r_{n2} & \cdots & r_{nm} \end{bmatrix}$$

$$b_j = (a_1 * r_{1j}) + (a_2 * r_{2j}) + \cdots + (a_n * r_{nj}), \quad j = 1, 2, \cdots, m$$

常用的模糊算子有

① $M(\wedge, \vee)$，即用 $\wedge$ 代替 $*$，用 $\vee$ 代替 $+$，式中 $\wedge$ 为取小运算，$\vee$ 代表取大运算；

② $M(\bullet, \vee)$，即用实数乘法 $\bullet$ 代替 $*$，用 $\vee$ 代替 $+$；

③ $M(\wedge, \oplus)$，即用 $\wedge$ 代替 $*$，用 $\oplus$ 代替 $+$，其中 $a \oplus b = \min(1, a+b)$；

④ $M(\bullet, \oplus)$，即用实数乘法 $\bullet$ 代替 $*$，用 $\oplus$ 代替 $+$。

经过比较研究，$M(\bullet, \oplus)$ 对各因素按权数大小，统筹兼顾、综合考虑比较合理。因素集和因素的权重由第一步的 AHP 模型确定。

3. AHP - 模糊综合科研机构创新能力评估方法

AHP - 模糊综合科研机构创新能力评估方法是 AHP 和模糊综合分析法的结合，两者共同发挥各自优势，保证了创新能力评级结果的完整性和精确性。AHP 侧重于根据创新能力评价指标体系建立递阶层次结构，确定需要层次化的指标体系，并完成了各指标权重的计算。模糊综合评价法侧重于对某个科研机构的创新能力进行等级评价，能够根据最大隶属度原则对其能力定级。因此，AHP-模糊综合评价法能够利用层次化指标体系的优势，结合 AHP 计算出的权重，对科研机构进行能力评级。

4.3 考虑专家犹豫度偏好的创新能力区间直觉模糊排序方法

科研机构创新能力大小排序问题具有复杂性和高度的模糊性。Atanassov 和 Gargov[51]定义了区间直觉模糊集的概念，区间直觉模糊集的隶属度和非隶属度均为区间值，可以更加灵活地刻画模糊性，相关理论常常被用来解决投资评价等多属性决策问题，也比较适合用来解决科研机构创新能力的排序问题。在具体决策时，指标权重除了可以借鉴上一小节提出的 AHP 求权重法外，本节引入用指标区间直觉模糊熵权法求取权重。此外，由于考虑专家对区间直觉模糊数的犹豫度不同偏好可以使科研机构创新能力大小的排序更加精准，因此本节使用考虑专家犹豫度偏好的区间直觉模糊方法来对科研机构创新能力大小展开排序。下面介绍此方法。

4.3.1 区间直觉模糊理论预备知识

定义 8[50]　设 X 是一个非空集合，若 $a = \{\langle x, \mu_A(x), v_A(x) \rangle \mid x \in X\}$ 为直觉模糊集，则有

$$0 \leq \mu_A(x) + v_A(x) \leq 1, \forall x \in X, \Pi_A(x) = 1 - \mu_A - v_A$$

其中，$\mu_A(x)$ 和 $v_A(x)$ 分别为 X 中元素 x 属于 X 的隶属度 $\mu_A : X \to [0,1]$ 和非隶属度 $v_A : X \to [0,1]$，$\Pi_A(x)$ 为 X 中元素 x 属于 X 的不确定度（犹豫度）。

定义 9[51]　设 X 是一个非空集合，若 $\tilde{A} = \{\langle x, \tilde{\mu}_{\tilde{A}}(x), \tilde{v}_{\tilde{A}}(x) \rangle \mid x \in X\}$ 为区间直觉模糊集（IVIFS）则有

$$\sup \tilde{\mu}_A(x) + \sup \tilde{v}_A(x) \leq 1, \forall x \in X$$

其中，$\tilde{\mu}_A : X \subset [0,1]$ 和 $\tilde{v}_A : X \subset [0,1]$ 为隶属度的上界，$\sup \tilde{v}_A(x)$ 为非隶属度的上界。

区间直觉模糊集（IVIFS）一般记为

$$([\mu_{AL}(x), \mu_{AU}(x)], [v_{AL}(x), v_{AU}(x)]),$$
$$[\mu_{AL}(x), \mu_{AU}(x)] \subset [0,1], [v_{AL}(x), v_{AU}(x)] \subset [0,1],$$
$$\mu_{AU}(x) + v_{AU}(x) \leq 1$$

定义 10[74]　若 $\tilde{\alpha} = ([\mu_{AL}(x), \mu_{AU}(x)], [v_{AL}(x), v_{AU}(x)])$ 是一个区间直觉模糊数，则 $\tilde{\alpha}$ 的带犹豫度放缩的精确得分函数（P-记分函数）定义为

$$s_p(\tilde{\alpha}) = \frac{\{[\mu_{AL}(x) + \mu_{AU}(x)] - [v_{AL}(x) + v_{AU}(x)]\}}{[\pi_{AL}(x) + \pi_{AU}(x) + 2]}, \quad s_p(\tilde{\alpha}) \in [-1,1]$$

注：P-记分函数相比于经典的记分函数[75]有一定优越性，P-记分函数从决策者角度量化了犹豫部分对决策结果的影响。

定义 11[76] 若 $A,B \in \text{IVIFS}(X)$，A 和 B 的相关系数 $K_{\text{IVIFS}}(A,B)$ 定义如下：

$$K_{\text{IVIFS}}(A,B) = \frac{C_{\text{IVIFS}}(A,B)}{\sqrt{E_{\text{IVIFS}}(A)} g \sqrt{E_{\text{IVIFS}}(B)}}$$

其中：

$$E_{\text{IVIFS}}(A) = \sum_{i=1}^{n} [\mu_{AL}^2(x_i) + \mu_{AU}^2(x_i) + v_{AL}^2(x_i) + v_{AU}^2(x_i) + \pi_{AL}^2(x_i) + \pi_{AU}^2(x_i)]/2$$

$$E_{\text{IVIFS}}(B) = \sum_{i=1}^{n} [\mu_{BL}^2(x_i) + \mu_{BU}^2(x_i) + v_{BL}^2(x_i) + v_{BU}^2(x_i) + \pi_{BL}^2(x_i) + \pi_{BU}^2(x_i)]/2$$

$$C_{\text{IVIFS}}(A,B) = \frac{1}{2} \sum_{i=1}^{n} [\mu_{AL}(x_i)\mu_{BL}(x_i) + \mu_{AU}(x_i)\mu_{BU}(x_i) + v_{AL}(x_i)v_{BL}(x_i) + v_{AU}(x_i)v_{BU}(x_i) + \pi_{AL}(x_i)\pi_{BL}(x_i) + \pi_{AU}(x_i)\pi_{BU}(x_i)]$$

定理 1[76] 对于任意 $A,B \in \text{IVIFS}(X)$，$K_{\text{IVIFS}}(A,B)$ 满足：

(1) $K_{\text{IVIFS}}(A,B) = K_{\text{IVIFS}}(B,A)$。

(2) $0 \leq K_{\text{IVIFS}}(A,B) \leq 1$。

(3) $A = B \Leftrightarrow K_{\text{IVIFS}}(A,B) = 1$。

袁宇[77]指出了经典的 Euclidean 距离和 Hamming 距离[78]有两个不足：第一，没有考虑犹豫度对距离测度的影响，造成一定程度信息的缺失；第二，距离测度有时会失效。例如，$a = ([0.3, 0.4], [0.1, 0.2])$，$b = ([0.3, 0.5], [0.1, 0.3])$，$c = ([0.3, 0.5], [0.1, 0.2])$。然而，$d_E(a,c) = d_E(b,c)$，$d_H(a,c) = d_H(b,c)$。可见，距离公式很难判断 a 和 b 哪个更靠近 c，而通过相关系数公式可以得到 $K_{\text{IVIFS}}(a,c) < K_{\text{IVIFS}}(b,c)$，故 b 更接近 c。相关系数来源于向量夹角的思想，相关系数的大小与两个模糊数接近程度成正比。

4.3.2 考虑专家犹豫度偏好的区间直觉模糊集得分函数及相关系数

在实际决策问题中，决策专家对犹豫度偏好的差异是一个客观存在、不得忽略的情况。针对犹豫度追求性的专家认为犹豫的部分对得分有利，犹豫度规避性的专家认为犹豫部分对得分不利这一情况，在上述区间直觉模糊数得分函数和相关系数定义的基础上，本节引入犹豫度系数 λ 来量化决策专家的犹豫度偏好，定义了专家考虑犹豫度偏好的得分函数及相关系数。

定义 12 若 $\tilde{\alpha} = ([\mu_{AL}(x), \mu_{AU}(x)], [v_{AL}(x), v_{AU}(x)])$ 为区间直觉模糊数,则 α 在犹豫度偏好参数 λ 下的带犹豫度缩放的得分函数(简记为 P-λ 记分函数)定义为

$$s_{p-\lambda}(\tilde{\alpha}) = [(\mu_{AL}(x) + \mu_{AU}(x)) - (v_{AL}(x) + v_{AU}(x)) + \lambda \cdot \pi_{AL}(x)]/[(1-|\lambda|) \cdot \pi_{AL}(x) + \pi_{AU}(x) + 2] \quad (4-1)$$

其中,λ 被称为犹豫度态度参数。定义当 $0 < \lambda \leq 1$ 时,专家被称为犹豫度偏好型,且随着 λ 的变大,专家对犹豫度的追求程度增加。当 $\lambda = 0$ 时,专家被称为犹豫度中立型。此时,得分函数(4-1)与文献[60]定义的得分函数一致。当 $-1 \leq \lambda < 0$ 时,专家被称为犹豫度规避型,且随 λ 的变小,专家对犹豫度的规避程度就越高。

定理 2 若 $\tilde{\alpha} = ([\mu_{AL}(x), \mu_{AU}(x)], [v_{AL}(x), v_{AU}(x)])$ 为区间直觉模糊数,则 P-λ 记分函数 $s_{p-\lambda}(\tilde{\alpha})$ 满足:

(1) $-1 \leq s_{p-\lambda}(\tilde{\alpha}) \leq 1$。

(2) $s_{p-\lambda}(\tilde{\alpha}) = 1 \Leftrightarrow \tilde{\alpha} = ([1,1], [0,0])$。

(3) $s_{p-\lambda}(\tilde{\alpha}) = -1 \Leftrightarrow \tilde{\alpha} = ([0,0], [1,1])$。

证明 (1) $s_{p-\lambda}(\tilde{\alpha}) - 1 = [(\mu_{AL}(x) + \mu_{AU}(x))(v_{AL}(x) + v_{AU}(x)) - 2] + (\lambda + |\lambda|)e - (e+f)/[(1-|\lambda|) \cdot \pi_{AL}(x) + \pi_{AU}(x) + 2]$,分母恒大于零,故考虑分子与零大小即可。

①当 $-1 \leq \lambda \leq 0$ 时,上式分子变为

$$[(\mu_{AL}(x) + \mu_{AU}(x)) - (v_{AL}(x) + v_{AU}(x)) - 2] - (e+f)$$

$(\mu_{AL}(x) + \mu_{AU}(x)) - (v_{AL}(x) + v_{AU}(x)) - 2 \leq 0$ 恒成立,且 $-(e+f) \leq 0$ 恒成立,故分子恒小于零。

②当 $0 < \lambda \leq 1$ 时,上式分子变为

$$[(\mu_{AL}(x) + \mu_{AU}(x)) - (v_{AL}(x) + v_{AU}(x)) - 2] + (2\lambda - 1)e - f$$

$(\mu_{AL}(x) + \mu_{AU}(x)) - (v_{AL}(x) + v_{AU}(x)) - 2 \leq 0$ 恒成立,$(2\lambda - 1)e - f \leq e - f \leq 0$ 恒成立,故分子恒小于零。故 $s_{p-\lambda}(\tilde{\alpha}) - 1 \leq 0$,即 $s_{p-\lambda}(\tilde{\alpha}) \leq 1$。同理,可得 $s_{p-\lambda}(\tilde{\alpha}) \geq -1$。

(2) $s_{p-\lambda}(\tilde{\alpha}) - 1 = 0 \Leftrightarrow [(\mu_{AL}(x) + \mu_{AU}(x)) - (v_{AL}(x) + v_{AU}(x)) - 2] - (e+f) = 0$ 或 $[(\mu_{AL}(x) + \mu_{AU}(x)) - (v_{AL}(x) + v_{AU}(x)) - 2] - (f-e) \Leftrightarrow \mu_{AL}(x) + \mu_{AU}(x)) - (v_{AL}(x) + v_{AU}(x)) - 2 = 0 \Leftrightarrow \tilde{\alpha} = ([1,1], [0,0])$。

(3) $s_{p-\lambda}(\tilde{\alpha}) + 1 = 0 \Leftrightarrow [(\mu_{AL}(x) + \mu_{AU}(x)) - (v_{AL}(x) + v_{AU}(x)) + 2] + (e+f) = 0$ 或 $[(\mu_{AL}(x) + \mu_{AU}(x)) - (v_{AL}(x) + v_{AU}(x)) + 2] + (f-e) \Leftrightarrow (\mu_{AL}(x) +$

$\mu_{AU}(x)) - (v_{AL}(x) + v_{AU}(x)) + 2 = 0 \Leftrightarrow \tilde{\alpha} = ([0,0],[1,1])$。

定理3 对于任意$A,B \in \text{IVIFS}(X), s_{p-\lambda}(\tilde{\alpha})$ 具有如下性质:

(1) 当专家为犹豫度追求型, 即$0 < \lambda \leq 1$时, $s_{p-\lambda}(\tilde{\alpha}) \geq s_p(\tilde{\alpha})$。

(2) 当专家为犹豫度中立型, 即$\lambda = 0$时, $s_{p-\lambda}(\tilde{\alpha}) = s_p(\tilde{\alpha})$。

(3) 当专家为犹豫度厌恶型, 即$-1 \leq \lambda < 0$时, $s_{p-\lambda}(\tilde{\alpha}) \leq s_p(\tilde{\alpha})$。

证明:

$s_\lambda(\tilde{\alpha}) - s(\tilde{\alpha}) = \lambda \pi_{AL}(x) \cdot [\frac{|\lambda|}{\lambda} \cdot (\mu_{AL}(x) + \mu_{AU}(x) - v_{AL}(x) - v_{AR}(x)) + (\pi_{AL}(x) + \pi_{AR}(x) + 2)] / \{(1 - |\lambda|) \cdot \pi_{AL}(x) + \pi_{AR}(x) + 2) \cdot (\pi_{AL}(x) + \pi_{AR}(x) + 2)\}$

当$0 < \lambda \leq 1$时, 分子分母均大于零, $s_{p-\lambda}(\tilde{\alpha}) \geq s_p(\tilde{\alpha})$;

当$\lambda = 0$时, 分子为零, 分母大于零, $s_{p-\lambda}(\tilde{\alpha}) = s_p(\tilde{\alpha})$;

当$-1 \leq \lambda < 0$时, 分子小于零, 分母大于零得$s_{p-\lambda}(\tilde{\alpha}) \leq s_p(\tilde{\alpha})$。

本节提出的考虑犹豫度偏好的得分函数与文献[66-72]定义的得分函数进行计算对比, 得表4-3。

表4-3 本节定义的得分函数与现有得分函数对比分析

现有得分函数	$\tilde{\alpha}_1 = ([0.23,0.25],$ $[0.35,0.37])$ $\tilde{\alpha}_2 = ([0.24,0.26],$ $[0.36,0.38])$	$\tilde{\alpha}_3 = ([0,0],$ $[0.1,0.3])$ $\tilde{\alpha}_4 = ([0,0],$ $[0.6,0.8])$	$\tilde{\alpha}_5 = ([0.3,0.5],$ $[0.2,0.4])$ $\tilde{\alpha}_6 = ([0.2,0.4],$ $[0.4,0.6])$	$\tilde{\alpha}_7 = ([0.1,0.3],$ $[0.3,0.5])$ $\tilde{\alpha}_8 = ([0.2,0.4],$ $[0.4,0.6])$
Hong[66]	$\tilde{\alpha}_1 < \tilde{\alpha}_2$	$\tilde{\alpha}_3 > \tilde{\alpha}_4$	$\tilde{\alpha}_5 > \tilde{\alpha}_6$	$\tilde{\alpha}_7 > \tilde{\alpha}_8$
刘华文[67]	$\tilde{\alpha}_1 < \tilde{\alpha}_2$	$\tilde{\alpha}_3 \sim \tilde{\alpha}_4$	$\tilde{\alpha}_5 > \tilde{\alpha}_6$	$\tilde{\alpha}_7 < \tilde{\alpha}_8$
林志贵等[68]	$\tilde{\alpha}_1 < \tilde{\alpha}_2$	$\tilde{\alpha}_3 p < \tilde{\alpha}_4$	$\tilde{\alpha}_5 \cdot \tilde{\alpha}_6$	$\tilde{\alpha}_7 < \tilde{\alpha}_8$
Wang[69]	$\tilde{\alpha}_1 < \tilde{\alpha}_2$	$\tilde{\alpha}_3 > \tilde{\alpha}_4$	$\tilde{\alpha}_5 < \tilde{\alpha}_6$	$\tilde{\alpha}_7 < \tilde{\alpha}_8$
Lin[70]	$\tilde{\alpha}_1 < \tilde{\alpha}_2$	$\tilde{\alpha}_3 > \tilde{\alpha}_4$	$\tilde{\alpha}_5 < \tilde{\alpha}_6$	$\tilde{\alpha}_7 > \tilde{\alpha}_8$
Ye[71]	$\tilde{\alpha}_1 < \tilde{\alpha}_2$	$\tilde{\alpha}_3 > \tilde{\alpha}_4$	$\tilde{\alpha}_5 > \tilde{\alpha}_6$	$\tilde{\alpha}_7 < \tilde{\alpha}_8$
王中兴[72]	$\lambda = 0, \tilde{\alpha}_1 < \tilde{\alpha}_2$	$\forall \lambda \in [-1,1],$ $\tilde{\alpha}_3 > \tilde{\alpha}_4$	$\forall \lambda \in [-1,1],$ $\tilde{\alpha}_5 > \tilde{\alpha}_6$	$\lambda = 0, \tilde{\alpha}_7 < \tilde{\alpha}_8$
本节定义的函数	$\lambda = 0, \tilde{\alpha}_1 < \tilde{\alpha}_2$	$\forall \lambda \in [-1,1],$ $\tilde{\alpha}_3 > \tilde{\alpha}_4$	$\forall \lambda \in [-1,1],$ $\tilde{\alpha}_5 > \tilde{\alpha}_6$	$\lambda = 0, \tilde{\alpha}_7 > \tilde{\alpha}_8$

由表 4-3 可知，对于 $\tilde{\alpha}_1$ 和 $\tilde{\alpha}_2$，根据本节定义的得分函数情况，文献所得的结果符合犹豫度中立型专家判断的情况。对于 $\tilde{\alpha}_3$ 和 $\tilde{\alpha}_4$，前者隶属区间和后者相同，非隶属区间比后者小，本文结果符合实际，文献 [67] 不能区分 $\tilde{\alpha}_3$ 和 $\tilde{\alpha}_4$ 的优劣，文献 [68] 判断结果与其他相反。对于 $\tilde{\alpha}_5$ 和 $\tilde{\alpha}_6$，前者隶属区间比后者大，非隶属区间比后者小，显然 $\tilde{\alpha}_5 > \tilde{\alpha}_6$，文献 [69] 无法判定大小，文献 [70] 与其他方法相反，对于 $\tilde{\alpha}_7$ 和 $\tilde{\alpha}_8$，文献 [69] [70] 得分函数判断失效，本节定义的得分函数符合实际。

Park[76]研究的相关系数模型没有考虑到专家犹豫度偏好对相关系数的影响，因此本节引入犹豫度偏好系数 λ，定义考虑专家犹豫度偏好的相关系数公式来度量模糊数的接近程度。

定义 13 若 $A, B \in \mathrm{IVIFS}(X)$，则 A, B 在犹豫度偏好因素 λ 的相关系数定义如下：

$$K_{\mathrm{IVIFS}-\lambda}(A,B) = \frac{C_{\mathrm{IVIFS}-\lambda}(A,B)}{\sqrt{E_{\mathrm{IVIFS}-\lambda}(A)}\sqrt{E_{\mathrm{IVIFS}-\lambda}(B)}} \quad (4-2)$$

其中：

① 当 $0 \leqslant \lambda \leqslant 1$ 时

$$E_{\mathrm{IVIFS}-\lambda}(A) = \frac{1}{2}\sum_{i=1}^{n}\mu_{AL}^2(x_i) + [\mu_{AU}(x_i) + \lambda\pi_{AL}(x_i)]^2 + v_{AL}^2(x_i) + v_{AU}^2(x_i) + (1-\lambda)^2\pi_{AL}^2(x_i) + \pi_{AU}^2(x_i)$$

$$E_{\mathrm{IVIFS}-\lambda}(B) = \frac{1}{2}\sum_{i=1}^{n}\mu_{BL}^2(x_i) + [\mu_{BU}(x_i) + \lambda\pi_{BL}(x_i)]^2 + v_{BL}^2(x_i) + v_{BU}^2(x_i) + (1-\lambda)^2\pi_{BL}^2(x_i) + \pi_{BU}^2(x_i)$$

$$C_{\mathrm{IVIFS}-\lambda}(A,B) = \frac{1}{2}\sum_{i=1}^{n}[\mu_{AL}(x_i)\mu_{BL}(x_i) + (\mu_{AU}(x_i) + \lambda\pi_{AL}(x_i))(\mu_{BU}(x_i) + \lambda\pi_{BL}(x_i)) + v_{AL}(x_i)v_{BL}(x_i) + v_{AU}(x_i)v_{BU}(x_i) + (1-\lambda)^2\pi_{AL}(x_i)\pi_{BL}(x_i) + \pi_{AU}(x_i)\pi_{BU}(x_i)]$$

② 当 $-1 \leqslant \lambda < 0$ 时

$$E_{\mathrm{IVIFS}-\lambda}(A) = \frac{1}{2}\sum_{i=1}^{n}\mu_{AL}^2(x_i) + \mu_{AU}^2(x_i) + v_{AL}^2(x_i) + [v_{AU}(x_i) - \lambda\pi_{AL}(x_i)]^2 + (1+\lambda)^2\pi_{AL}^2(x_i) + \pi_{AU}^2(x_i)$$

$$E_{\mathrm{IVIFS}-\lambda}(B) = \frac{1}{2}\sum_{i=1}^{n}\mu_{BL}^2(x_i) + \mu_{BU}^2(x_i) + v_{BL}^2(x_i) + [v_{BU}(x_i) - \lambda\pi_{BL}(x_i)]^2 + (1+\lambda)^2\pi_{BL}^2(x_i) + \pi_{BU}^2(x_i)$$

第4章 广东省属科研机构创新能力评价方法研究

$$C_{\text{IVIFS}-\lambda}(A,B) = \frac{1}{2}\sum_{i=1}^{n}[\mu_{AL}(x_i)\mu_{BL}(x_i) + \mu_{AU}(x_i)\mu_{BU}(x_i) + v_{AL}(x_i)v_{BL}(x_i) +$$
$$(v_{AU}(x_i) - \lambda\pi_{AL}(x_i))(v_{BU}(x_i) - \lambda\pi_{BL}(x_i)) +$$
$$(1+\lambda)^2\pi_{AL}(x_i)\pi_{BL}(x_i) + \pi_{AU}(x_i)\pi_{BU}(x_i)]$$

值得注意的是考虑专家犹豫度偏好的相关系数公式也来源于向量夹角的思想。在考虑不同风格专家对犹豫度偏好不同的基础上,考虑了专家对犹豫度的偏好系数 λ 对原隶属度区间和非隶属度进行拓展。当专家为犹豫度中性时,即 $\lambda=0$ 时, $K_{\text{IVIFS}-\lambda}(A,B) = K_{\text{IVIFS}-\lambda}(B,A)$。当专家为犹豫度追求性,即 $0<\lambda\leq 1$,则其认为犹豫部分对隶属度大小有利,因此本式把犹豫部分正向转化为隶属度部分,以提高隶属度区间值的上限,且对犹豫度的承受能力越强,犹豫度转化的部分越大。反之,若专家为犹豫度规避性,即 $-1\leq\lambda<0$,则其认为犹豫部分对非隶属度大小有利,因此本式将犹豫部分正向转化为非隶属度部分,以提高非隶属度区间值上限,且对犹豫度的规避程度越大,犹豫度转化的部分也越大。新相关系数公式的优势在于完整考虑的专家的犹豫度偏好心理,根据专家的不同犹豫度决策风格,来得到符合其犹豫度承受能力的结果,新公式考虑问题较为全面,应用情形更加广泛。

定理4 $K_{\text{IVIFS}-\lambda}(A,B)$ 具有如下性质:

(1) $0\leq K_{\text{IVIFS}-\lambda}(A,B) \leq 1$。

(2) $K_{\text{IVIFS}-\lambda}(A,B) = K_{\text{IVIFS}-\lambda}(B,A)$。   (4-3)

(3) $A = B \Leftrightarrow K_{\text{IVIFS}-\lambda}(A,B) = 1$。

证明:(1) 当 $0\leq\lambda\leq 1$ 时,

$K_{\text{IVIFS}-\lambda}(A,B)$

$$= \{\sum_{i=1}^{n}[\mu_{AL}(x_i)\mu_{BL}(x_i) + (\mu_{AU}(x_i) + \lambda\pi_{AL}(x_i))(\mu_{BU}(x_i) + \lambda\pi_{BL}(x_i)) + v_{AL}(x_i)v_{BL}(x_i) + v_{AU}(x_i)v_{BU}(x_i) + (1-\lambda)^2\pi_{AL}(x_i)\pi_{BL}(x_i) + \pi_{AU}(x_i)\pi_{BU}(x_i)]\}\times$$

$$\{\sum_{i=1}^{n}\mu_{AL}^2(x_i) + [\mu_{AU}(x_i) + \lambda\pi_{AL}(x_i)]^2 + v_{AL}^2(x_i) + v_{AU}^2(x_i) + (1-\lambda)^2\pi_{AL}^2(x_i) + \pi_{AU}^2(x_i)\}^{-1/2} \times \{\sum_{i=1}^{n}\mu_{BL}^2(x_i) + [\mu_{BU}(x_i) + \lambda\pi_{BL}(x_i)]^2 + v_{BL}^2(x_i) + v_{BU}^2(x_i) + (1-\lambda)^2\pi_{BL}^2(x_i) + \pi_{BU}^2(x_i)\}^{-1/2}$$

$$\leq \{[\sum_{i=1}^{n}\mu_{AL}^2(x_i)\sum_{i=1}^{n}\mu_{BL}^2(x_i)]^{1/2} + [\sum_{i=1}^{n}\mu_{AU}(x_i) + \lambda\pi_{AL}(x_i)]^2\sum_{i=1}^{n}[\mu_{BU}(x_i) +$$

$$\lambda\pi_{BL}(x_i)]^2]^{1/2} + [\sum_{i=1}^{n} v_{AL}^2(x_i) \sum_{i=1}^{n} v_{BL}^2(x_i)]^{1/2} + [\sum_{i=1}^{n} v_{AU}^2(x_i) \sum_{i=1}^{n} v_{BU}^2(x_i)]^{1/2} +$$

$$[\sum_{i=1}^{n} (1-\lambda)^2 \pi_{AL}^2(x_i) \sum_{i=1}^{n} (1-\lambda)^2 \pi_{BL}^2(x_i)]^{1/2} + [\sum_{i=1}^{n} \pi_{AU}^2(x_i) \sum_{i=1}^{n} \pi_{BU}^2(x_i)]^{1/2} \} \times$$

$$\{\sum_{i=1}^{n} \mu_{AL}^2(x_i) + \sum_{i=1}^{n} [\mu_{AU}(x_i) + \lambda \pi_{AL}(x_i)]^2 + \sum_{i=1}^{n} v_{AL}^2(x_i) + \sum_{i=1}^{n} v_{AU}^2(x_i) +$$

$$\sum_{i=1}^{n} (1-\lambda)^2 \pi_{AL}^2(x_i) + \sum_{i=1}^{n} \pi_{AU}^2(x_i) \times \{\sum_{i=1}^{n} \mu_{BL}^2(x_i) + \sum_{i=1}^{n} [\mu_{BU}(x_i) +$$

$$\lambda\pi_{BL}(x_i)]^2 + \sum_{i=1}^{n} v_{BL}^2(x_i) + \sum_{i=1}^{n} v_{BU}^2(x_i) + \sum_{i=1}^{n} (1-\lambda)^2 \pi_{BL}^2(x_i) + \sum_{i=1}^{n} \pi_{BU}^2(x_i)\}$$

记:

$$\sum_{i=1}^{n} \mu_{AL}^2(x_i) = a, \quad \sum_{i=1}^{n} \mu_{BL}^2(x_i) = b, \quad \sum_{i=1}^{n} [\mu_{AU}(x_i) + \lambda\pi_{AL}(x_i)]^2 = c,$$

$$\sum_{i=1}^{n} [\mu_{BU}(x_i) + \lambda\pi_{BL}(x_i)]^2 = d, \quad \sum_{i=1}^{n} v_{AL}^2(x_i) = e, \quad \sum_{i=1}^{n} v_{BL}^2(x_i) = f,$$

$$\sum_{i=1}^{n} v_{AU}^2(x_i) = g, \quad \sum_{i=1}^{n} v_{BU}^2(x_i) = h, \quad \sum_{i=1}^{n} (1-\lambda)\pi_{AL}^2(x_i) = i,$$

$$\sum_{i=1}^{n} (1-\lambda)\pi_{BL}^2(x_i) = j, \quad \sum_{i=1}^{n} \pi_{AU}^2(x_i) = k, \quad \sum_{i=1}^{n} \pi_{AU}^2(x_i) = l_\circ$$

则式（4-3）等价于

$$K_{\text{IVIFS}-\lambda}(A,B) \leq \frac{(\sqrt{ab} + \sqrt{cd} + \sqrt{ef} + \sqrt{gh} + \sqrt{ij} + \sqrt{kl})}{\sqrt{(a+c+e+g+i+k)}\sqrt{(b+d+f+h+j+l)}}$$

因为 $K_{\text{IVIFS}-\lambda}(A,B) \geq 0$，有

$$K_{\text{IVIFS}-\lambda}^2(A,B) \leq (\sqrt{ab} + \sqrt{cd} + \sqrt{ef} + \sqrt{gh} + \sqrt{ij} + \sqrt{kl})^2 / [(a+c+e+g+i+k)(b+d+f+h+j)] = 1 - [(\sqrt{cd} - \sqrt{bc})^2 + (\sqrt{af} - \sqrt{be})^2 + (\sqrt{ah} - \sqrt{bg})^2 + (\sqrt{aj} - (\sqrt{bi})^2 + \sqrt{al} - \sqrt{bk})^2 + (\sqrt{cf} - \sqrt{de})^2 + (\sqrt{ch} - \sqrt{dg})^2 + (\sqrt{cj} - \sqrt{di})^2 + (\sqrt{cl} - (\sqrt{dk})^2 + \sqrt{eh} - \sqrt{fg})^2 + (\sqrt{ej} - \sqrt{fi})^2 + (\sqrt{el} - \sqrt{fk})^2 + (\sqrt{gj} - \sqrt{hi})^2 + (\sqrt{gl} - (\sqrt{hk})^2 + \sqrt{il} - \sqrt{jk})^2] \times [(a+c+e+g+i+k)(b+d+f+h+j)]^{-1} \leq 1$$

当 $-1 \leq \lambda < 0$ 时同理。因此, $0 \leq K_{\text{IVIFS}-\lambda}(A,B) \leq 1$。

（2）显然得证。

（3）必要性显然。现在证充分性：

$$[(\sqrt{ad} - \sqrt{bc})^2 + (\sqrt{af} - \sqrt{be})^2 + (\sqrt{ah} - \sqrt{bg})^2 + (\sqrt{aj} - (\sqrt{bi})^2 + \sqrt{al} - \sqrt{bk})^2 + (\sqrt{cf} - \sqrt{de})^2 + (\sqrt{ch} - \sqrt{dg})^2 + (\sqrt{cj} - \sqrt{di})^2 + (\sqrt{cl} - (\sqrt{dk})^2 + \sqrt{eh} -$$

$\sqrt{fg})^2 + (\sqrt{ej} - \sqrt{fi})^2 + (\sqrt{el} - \sqrt{fk})^2 + (\sqrt{gj} - \sqrt{hi})^2 + (\sqrt{gl} - (\sqrt{hk})^2 + \sqrt{il} - \sqrt{jk})^2] = 0 \Rightarrow a = b, c = d, e = f, g = h, i = j, k = l \Rightarrow A = B$

4.3.3 专家权重和创新能力指标熵权法

专家的权重记为 $\theta_t^\lambda, t = 1, 2, \cdots, T$，专家对犹豫度的偏好系数用 λ 表示，权重确定的基本思路：犹豫度中性的专家权重记为 θ^0，专家对犹豫度的偏好程度或者对犹豫规避程度越大，则其权重越小，记

$$\theta_t'^\lambda = \theta^0 e^{-|\lambda|}, \lambda \in [-1, 1], \theta_t^\lambda = \theta_t'^\lambda / \sum_{t=1}^{T} \theta_t'^\lambda, t = 1, 2, \cdots, T \quad (4-4)$$

本小节探讨在创新能力指标权重未知的情况下，如何利用考虑专家犹豫度偏好的各指标上的信息熵来确定指标权重的方法，即熵权法。在区间直觉模糊环境下，由于某一创新能力指标下各科研机构区间直觉模糊数的得分函数的绝对值的离散程度反映了其模糊的程度，故可从得分函数出发计算各指标的平均信息熵，进而计算出相关指标的权重值。

Shannon[79]定义一个离散信源的熵：若一个离散信源可以表示为

$$F : \begin{bmatrix} x_1 & x_2 & \cdots & x_n \\ p_1 & p_2 & \cdots & p_n \end{bmatrix}$$

其中，随机变量 F 的先验概率为 $p_i, 0 \leq p_i \leq 1, \sum p_i = 1, i = 1, 2, \cdots, n$，信源具有的不确定性，用先验概率分布 $P = \{p_1, p_2, \cdots, p_n\}$ 来描述，则此信源的平均不确定性为

$$H_s(P) = -k \sum_{i=1}^{n} p_i \log p_i$$

本文利用得分函数将相应的信息熵推广到区间直觉模糊数的平均信息熵。对于区间直觉模糊评价矩阵 $\boldsymbol{F} = [\tilde{\alpha}_{ij}]_{n \times m}$，其中 $\tilde{\alpha}_{ij} = ([a_{ij}, b_{ij}], [c_{ij}, d_{ij}])$，对每一个科研机构 $A_i (i = 1, 2, \cdots, n)$，根据专家犹豫度偏好的类型，设定不同的犹豫度参数 λ，分别求解 A_i 关于 X_j 的特征信息的得分函数值，然后做归一化处理，使得

$$\tilde{s}_\lambda(\tilde{\alpha}_{ij}) = \frac{|s_\lambda(\tilde{\alpha}_{ij})|}{\sum_{i=1}^{n} |s_\lambda(\tilde{\alpha}_{ij})|} \quad (4-5)$$

进而求出各创新能力评价指标 X_j 的平均信息熵：

$$H_{s-\lambda}(X_j) = -\frac{1}{\ln n}\sum_{i=1}^{n}\tilde{s}_\lambda(\tilde{\alpha}_{ij})\ln \tilde{s}_\lambda(\tilde{\alpha}_{ij}) \quad (4-6)$$

规定 $\tilde{s}_\lambda(\tilde{\alpha}_{ij}) = 0$ 时，$\tilde{s}_\lambda(\tilde{\alpha}_{ij})\ln\tilde{s}_\lambda(\tilde{\alpha}_{ij}) = 0$。利用如下公式求得权重：

$$\omega_j^\lambda = \frac{1 - H_{s-\lambda}(X_j)}{\sum_{k=1}^{m}(1 - H_{s-\lambda}(X_k))}, \quad j = 1,2,\cdots,m \quad (4-7)$$

求得权重后，结合改进的区间直觉模糊相关系数即可得到科研机构创新能力排序。

4.3.4 排序过程

本方法解决的是科研机构创新能力评价指标客观求权且投资项目相对指标的评价值为区间直觉模糊数时，考虑专家犹豫度偏好的科研机构创新能力排序问题。设 $A = \{A_1, A_2, \cdots, A_m\}$ 为科研机构集合，$X = \{X_1, X_2, \cdots, X_n\}$ 为创新能力指标集，科研机构 A_i 关于指标 X_j 的评价值用区间直觉模糊数 $\tilde{\alpha}_{ij}$ 表示，所有给出的区间直觉模糊数组成一个评价矩阵 $\tilde{A} = (\tilde{\alpha}_{ij})_{m\times n}$，其中，$\tilde{\alpha}_{ij} = ([a_{ij}, b_{ij}], [c_{ij}, d_{ij}])$，$[a_{ij}, b_{ij}]$ 表示科研机构 A_i 在指标 X_j 下的创新能力高的程度，$[c_{ij}, d_{ij}]$ 表示科研机构 A_i 在指标 X_j 下的创新能力低的程度，$0 \leq a_{ij} \leq b_{ij} \leq 1$，$0 \leq c_{ij} \leq d_{ij} \leq 1$，$b_{ij} + d_{ij} \leq 1$，$i = 1,2,\cdots,m; j = 1,2,\cdots,n$。首先，具有不同犹豫度偏好的专家根据区间直觉模糊判断矩阵，利用熵权法来确定指标的权重；然后，结合考虑犹豫度偏好的相关系数公式进行研究，得到每一个专家类型的排序结果；最后，根据专家的犹豫度偏好程度对专家进行赋权，最终得到综合的科研机构创新能力排序结果。本小节系统地阐述排序过程，具体步骤如下：

步骤1： 假设有关科研机构 A_i 关于指标 X_j 的评价值用区间直觉模糊数 $\tilde{\alpha}_{ij}$ 表示，所有给出的区间直觉模糊数组成一个评价矩阵 $\tilde{A} = (\tilde{\alpha}_{ij})_{m\times n}$，其中，$\tilde{\alpha}_{ij} = ([\tilde{a}_{ij}, b_{ij}], [c_{ij}, d_{ij}])$，$0 \leq a_{ij} \leq b_{ij} \leq 1$，$0 \leq c_{ij} \leq d_{ij} \leq 1$，$b_{ij} + d_{ij} \leq 1$，$i = 1,2,\cdots,m; j = 1,2,\cdots,n$。

步骤2： 根据模糊数矩阵，考虑 K 个专家，利用公式（4-4）求得各个专家权重 θ_t^λ，$t = 1,2,\cdots,T$，$\sum_{t=1}^{T}\theta_t^\lambda = 1$，利用公式（4-5）至公式（4-7）求指标权重向量 $\omega^t = \{\omega_1^t, \omega_2^t, \cdots, \omega_n^t\}$，其中，$\omega_i^t \in [0,1]$，$\sum_{i=1}^{n}\omega_t^t = 1$。

步骤3： 根据区间直觉模糊评价矩阵，确定创新能力最强的科研机构和创新能力最弱的科研机构。

(1) 创新能力最强的科研机构：

$$A^- = \{([\max_{1 \leq j \leq m} a_{1j}, \max_{1 \leq j \leq m} b_{1j}], [\min_{1 \leq j \leq m} c_{1j}, \min_{1 \leq j \leq m} d_{1j}]), \cdots,$$
$$([\max_{1 \leq j \leq m} a_{nj}, \max_{1 \leq j \leq m} b_{nj}], [\min_{1 \leq j \leq m} c_{nj}, \min_{1 \leq j \leq m} d_{nj}])\}$$

其中，$j = 1,2,\cdots,m$。

(2) 创新能力最弱的科研机构：

$$A^+ = \{([\min_{1 \leq j \leq m} a_{1j}, \min_{1 \leq j \leq m} b_{1j}], [\max_{1 \leq j \leq m} c_{1j}, \max_{1 \leq j \leq m} d_{1j}]), \cdots,$$
$$([\min_{1 \leq j \leq m} a_{nj}, \min_{1 \leq j \leq m} b_{nj}], [\max_{1 \leq j \leq m} c_{nj}, \max_{1 \leq j \leq m} d_{nj}])\}$$

其中，$j = 1,2,\cdots,m$。

步骤4：利用公式（4-7）分别计算各待评价科研机构与创新能力最强的科研机构和创新能力最弱的科研机构之间的各指标相关系数矩阵，分别记作 $K_t^+ = (r_{ij}^+)_{m \times n}^t$ 和 $K_t^- = (r_{ij}^-)_{m \times n}^t$。

步骤5：将上步得到的两个相关系数矩阵与指标权重向量集结，$R_t^+ = K_t^+ \cdot \omega^t = (R_{t1}^+, R_{t2}^+, \cdots, R_{tm}^+)$，$R_t^- = K_t^- \cdot \omega^t = (R_{t1}^-, R_{t2}^-, \cdots, R_{tm}^-)$。记 R_t^+ 为第 t 个专家待评价科研机构和创新能力最强的科研机构之间相关系数向量，R_t^- 为第 t 个专家得到的待评价科研机构和创新能力最弱的科研机构之间相关系数向量。

步骤6：各待评价机构创新能力越强 R_{ti}^+ 越大，R_{ti}^- 越小，表明离创新能力最强的机构越近，创新能力也就越强。所以依据相对贴近度 $\zeta_{ti} = \dfrac{R_{ti}^+}{R_{ti}^+ + R_{ti}^-}(i = 1, 2, \cdots, m)$ 的值来对所有待评价科研机构进行排序，最后得到第 t 个专家的待评价科研机构的创新能力排序情况。

步骤7：将 T 个评价专家权重与对应的排序结果集结，得到综合的相对贴近度 $\zeta_t = \sum_{t=1}^{T} \theta_t^\lambda \zeta_{ti}$，根据综合相对贴近度 ζ_t 的大小对待评价的科研机构得到最终排序结果。

4.4 科研机构创新能力 LFPP – FAHP 动态评价方法

为克服传统的程度分析（EA）法与模糊优先规划（FPP）法求解模糊判断矩阵时，存在的负度函数产生无效解、判断矩阵内在不一致造成多解以及计算会产生零权重等缺陷，Wang 和 Chin[80] 提出了对数模糊优先规划 – 模糊层次分析法（LFPP – FAHP）。目前，该方法已应用于决策评价问题中[81-82]，并取得了良好的效果。该方法的优势在于，改进了传统方法求解模糊判断矩阵的缺陷，并采用多时段加权创新能力评价值使其可以反映一段时间综合创新能力,这使得评价结果更为全面有效。因此,本文拟采用 LFPP – FAHP 的动态评价方法。

4.4.1 理论基础

三角模糊数 $A = (l, m, u)$ 依据其隶属度函数定义为

$$U(x) = \begin{cases} \dfrac{x-l}{m-l}, l \leqslant x \leqslant m \\ \dfrac{u-x}{u-m}, m \leqslant x \leqslant u \\ 0, \quad 其他 \end{cases} \quad (4-8)$$

式中,m 是三角模糊数 A 的中间值,l 与 u 分别为相应的最小值与最大值。

在实际中,由于大多数评价表达通常具有一定的模糊性,一般采用三角模糊数来刻画这种模糊性。表 4 – 4 列出了相应语言的互反三角模糊数。

表 4 – 4 语言三角模糊数

语言变量 (两指标相比较)	三角模糊数	互反三角模糊数
同等重要	(1, 1, 1)	(1, 1, 1)
略微重要	$(1, \dfrac{3}{2}, 2)$	$(\dfrac{1}{2}, \dfrac{2}{3}, 1)$
明显重要	$(\dfrac{3}{2}, 2, \dfrac{5}{2})$	$(\dfrac{2}{5}, \dfrac{1}{2}, \dfrac{2}{3})$
非常重要	$(2, \dfrac{5}{2}, 3)$	$(\dfrac{1}{3}, \dfrac{2}{5}, \dfrac{1}{2})$
极端重要	$(\dfrac{5}{2}, 3, \dfrac{7}{2})$	$(\dfrac{2}{7}, \dfrac{1}{3}, \dfrac{2}{5})$

4.4.2 基于 LFPP – FAHP 的动态评价方法

对科研机构进行创新能力评价,需按照构建的评价指标体系,运用 LFPP – FAHP 法对指标进行层层分解,最终加权计算出评价值。具体的评价步骤如下:

步骤一:构建指标体系层次结构。

步骤二:构造单层级模糊判断矩阵。

在 LFPP – FAHP 中,作指标间的两两比较判断重要性时,采用语言三角模糊数表示。设某层级指标 $X = (x_1, x_2, \cdots, x_n)$ 为上层某指标所含的指标集,则该指

标集两两比较重要程度的模糊互反判断矩阵为

$$X = \begin{bmatrix} (1,1,1) & (l_{12},m_{12},u_{12}) & \cdots & (l_{1n},m_{1n},u_{1n}) \\ (l_{21},m_{21},u_{21}) & (1,1,1) & \cdots & (l_{n2},m_{n2},u_{n2}) \\ \vdots & \vdots & \cdots & \vdots \\ (l_{n1},m_{n1},u_{n1}) & (l_{n2},m_{n2},u_{n2}) & \cdots & (1,1,1) \end{bmatrix} \quad (4-9)$$

其中，对于任意的 $i,j=1,2,\cdots,n$ 且 $i \neq j$，应满足 $0 < l_{ij} \leq m_{ij} \leq u_{ij}$；$l_{ij} = \dfrac{1}{u_{ij}}$，$m_{ij} = \dfrac{1}{m_{ji}}$，$u_{ij} = \dfrac{1}{l_{ji}}$。

步骤三：依据 LFPP - FAHP 方法对模糊判断矩阵进行一致性检验并求解单层级指标权重。将（4-2）式中的各个模糊互反判断矩阵取对数，可得到以下方程：

$$\ln(\tilde{x}_{ij}) \approx (\ln l_{ij}, \ln m_{ij}, \ln u_{ij}), i,j = 1,2,\cdots,n \quad (4-10)$$

则隶属度式（4-1）可定义为以下形式：

$$u_{ij}\left(\ln\left(\frac{\omega_i}{\omega_j}\right)\right) = \begin{cases} \dfrac{\ln\left(\dfrac{\omega_i}{\omega_j}\right) - \ln l_{ij}}{\ln m_{ij} - \ln l_{ij}}, \ln\left(\dfrac{\omega_i}{\omega_j}\right) \leq \ln m_{ij} \\ \dfrac{\ln u_{ij} - \ln\left(\dfrac{\omega_i}{\omega_j}\right)}{\ln u_{ij} - \ln m_{ij}}, \ln\left(\dfrac{\omega_i}{\omega_j}\right) \geq \ln m_{ij} \end{cases} \quad (4-11)$$

为得到最优解，需找到一个精确优先向量 $\lambda = \min\left\{u_{ij}\left(\ln\left(\dfrac{\omega_i}{\omega_j}\right)\right) \mid i = 1,2,\cdots,n-1; j = 1+1, i+2,\cdots,n\right\} \geq 0$ 则求解的目标规划模型可写为

$$\min \varphi = (1-\lambda)^2 + M \sum_{i=1}^{n-1}\sum_{j=i+1}^{n}(\sigma_{ij}^2 + \varepsilon_{ij}^2)$$

$$\begin{cases} \ln\omega_i - \ln\omega_j - \lambda\ln\left(\dfrac{m_{ij}}{l_{ij}}\right) + \sigma_{ij} \geq \ln l_{ij}, \\ i = 1,\cdots,n-1; j = i+1,\cdots,n \\ -\ln\omega_i + \ln\omega_j - \lambda\ln\left(\dfrac{u_{ij}}{m_{ij}}\right) + \varepsilon_{ij} \geq -\ln u_{ij}, \\ i = 1,\cdots,n-1; j = i+1,\cdots,n \\ \lambda \geq 0, \ln\omega_i \geq 0, i = 1,\cdots,n-1; j = i+1,\cdots,n \\ \delta_{ij} \geq 0, \varepsilon_{ij} \geq 0, i = 1,\cdots,n-1; j = i+1,\cdots,n \end{cases} \quad (4-12)$$

σ_{ij} 与 ε_{ij} 表示满足约束条件的偏差变量，ω_i 为单层次指标 i 非标准化权重求解值，M 是一个充分大的常数（为得到最优 λ，通常取 $M = 10^{11}$）。另外，这里需满足 $\Delta = \sum_{i=1}^{n-1} \sum_{j=i+1}^{n} (\sigma_{ij}^2 + \varepsilon_{ij}^2) \approx 0$，否则重新协商进行矩阵一致性修正。

然后对上述权重求解值标准化处理可以得到指标 j 相对于上一层的标准化权重：

$$\omega_j' = \frac{\omega_j}{\sum_{i=1}^{n} \omega_i} (j = 1, 2, \cdots, n) \quad (4-13)$$

步骤四：确定指标全局权重。根据构建的层次结构模型，按照上述步骤对各模块分别进行单层级权重进行计算，得出每一元素对应上一层的权重，经过逐层计算，则可计算出各层指标对于最顶层的权重值。设 $\omega_j'(i)$ 为指标 j 在第 i 层相对于上一层的权重，则指标 j 的全局权重为

$$\omega_j^* = \prod_{i=1}^{k} \omega_j'(i) \quad (4-14)$$

步骤五：计算待评价对象的评价值。在求解得到各指标全局权重后，设 $x_{ij}^*(t_p)$ 为在 t_p 时刻，第 i 个评价对象，第 j 个指标经过处理后的标准化数据值，则第 i 个被评价对象在 t_p 时刻的评价值为

$$Y_i = \sum_{j=1}^{n} \omega_j^* x_{ij}^*(t_p) \quad (4-15)$$

步骤六：为了比较被评价对象（或系统）多时段的总体情况，可以对多时段评价信息的加权集结。设 $\tau_p(p = 1, 2, \cdots, T)$ 为第 t_p 期评价值的时间权重，一般取 $\{\tau_p\}$ 为递增型的时间序列（如令 $\tau_p = e^{p/2T} / \sum_{p=1}^{T} e^{p/2T}$），则第 i 个被评价对象的动态评价结果为

$$S_i = \sum_{p=1}^{T} \tau_p Y_p \quad (4-16)$$

4.5 科研机构创新能力灰色预测方法

科研机构的创新能力状况从先进变为落后再到被淘汰是一个循序渐进的过程。这类困境具有逐步发生可以预测的特点。因此如果能够利用以往的统计分析资料，应用数学方法建立相应有效的创新能力预测评价模型及时地发现和化解危机，不仅对机构决策层和机构的利益相关者具有十分重大的意义，而且对政府及相关科技管理部门而言，可以参考科研机构创新能力预测的结果制定宏观科技管

理政策，调控科研机构的正常运行，调配科学研究资源。对于那些陷入困境的科研机构，政府也可以此为依据决定是否给予援助，最大限度地给予科研机构支持，以保证广东省要成为全国科技创新型大省的目标。正是因为预测的重要作用和所具有的实践价值，本项目还对科研机构创新能力进行预测评价。

评价的方法主要为灰色预测法。灰色预测法是一种对含有不确定因素的系统进行预测的方法。灰色系统是介于白色系统和黑色系统之间的一种系统。白色系统是指一个系统的内部特征是完全已知的，即系统的信息是完全充分的。而黑色系统是指一个系统的内部信息对外界来说是一无所知的，只能通过它与外界的联系来加以观测研究。灰色系统内的一部分信息是已知的，另一部分信息时未知的，系统内各因素间具有不确定的关系。

灰色预测通过鉴别系统因素之间发展趋势的相异程度，即进行关联分析，并对原始数据进行生成处理来寻找系统变动的规律，生成有较强规律性的数据序列，然后建立相应的微分方程模型，从而预测事物未来发展趋势的状况。其用等时距观测到的反应预测对象特征的一系列数量值构造灰色预测模型，预测未来某一时刻的特征量，或达到某一特征量的时间。

本项目采用传统的灰预测模型 GM（1，1），也是基于静态评价的计算结果来进行计算，具体过程如下：

（1）选取企业某一静态评价方法（直觉模糊评价法、模糊综合评价法）连续五年的评价结果；

（2）将此五年的评价数据作为原始数据 $X^{(0)}(k)$ 作一次累加生成 $X^{(1)}(k) = \sum_{i=1}^{k} x^{(0)}(i)$，$(k = 1,2,3,4,5)$。即

$$X_0 = \{x_0(1), x_0(2), x_0(3), \cdots, x_0(k)\}$$
$$X_1 = \{x_1(1), x_1(2), x_1(3), \cdots, x_1(k)\}$$

其中 $X_1(n) = x_0(1) + x_0(2) + x_0(3) + \cdots + x_0(n)$。

（3）构造数据矩阵 $\boldsymbol{B}$：

$$\boldsymbol{B} = \begin{bmatrix} -\frac{1}{2}(x^{(1)}(i) + x^{(1)}(i+1)) & 1 \\ -\frac{1}{2}(x^{(1)}(i+1) + x^{(1)}(i+2)) & 1 \\ \vdots & \\ -\frac{1}{2}(x^{(1)}(k-1) + x^{(1)}(k)) & 1 \end{bmatrix} (i = 1) \quad (4-17)$$

以及数据向量 Y_N：

$$Y_N = \begin{bmatrix} x^{(0)}(1) \\ x^{(0)}(2) \\ \vdots \\ x^{(0)}(k) \end{bmatrix}$$

（4）用最小二乘法估计求参数列 $\hat{a}, \hat{u}$

$$\Phi = \begin{pmatrix} a \\ u \end{pmatrix};$$

$$\hat{\Phi} = \begin{pmatrix} \hat{a} \\ \hat{u} \end{pmatrix} = (B^T B)^{-1} B^T Y_N \qquad (4-18)$$

（5）建立该企业创新能力预测模型：

$$\frac{\mathrm{d} x^{(1)}(t)}{\mathrm{d} t} - \hat{a} x^{(1)}(t) = \hat{u} \qquad (4-19)$$

由此得到时间响应函数：

$$\hat{x}^{(1)}(k+1) = \left(x(1) - \frac{\hat{u}}{\hat{a}}\right) \mathrm{e}^{-\hat{a}k} + \frac{\hat{u}}{\hat{a}} \qquad (4-20)$$

求生成数列值 $\hat{x}^{(1)}(k+1)$ 及模型还原值 $\hat{x}^{(0)}(k+1)$：

令 $k=1,2,3,4$，代入时间响应函数即可得到 $\hat{x}^{(1)}(k)$，其中取

$$\hat{x}^{(1)}(1) = \hat{x}^{(0)}(1) = \hat{x}^{(1)}(1) \qquad (4-21)$$

第5章 广东省属科研机构创新能力静态评价研究

本章根据第3章提出的不同行业科研机构创新能力评价指标体系，运用第4章提出的区间直觉模糊多属性评价方法、对数模糊优先规划－模糊层次分析法（LFPP－FAHP）、灰色预测法来对广东省属科研机构的创新能力展开静态评价研究。为了使得评价客观，对广东省科技情报研究所及相关省属科研机构进行了数据调研，并从《广东省科学技术机构统计调查数据汇编》《广东科技年鉴》以及广东省科技统计网站（http://www.sts.gd.cn/）收集到2014年的相关数据。

5.1 农业类科研机构创新能力静态评价分析

为方便统计分析和表述，本研究将广东省属农业科研机构用相应代码表示（表5－1）。

表5－1 广东省属农业科研机构

机构名称	代码
广东省农业科学院动物科学研究所（原广东省农业科学院畜牧研究所）	XM研究所
广东省农业科学院水稻研究所	SD研究所
广东省农业科学院蔬菜所	SC所
广东省农业科学院茶叶研究所	ChaY研究所
广东省农业科学院植物保护研究所	ZWBH研究所
广东省农业科学院作物研究所	ZW研究所
广东省农业科学院环境园艺研究所（原广东省农业科学院花卉研究所）	HH研究所
广东省农业科学院果树研究所	GS研究所
广东省农业科学院蚕业研究所	ChanY研究所
广东省农业科学院动物卫生研究所（原广东省农业科学院兽医研究所）	SY研究所
广东省林业科学研究院	LY研究院

续表 5-1

机构名称	代码
广东省农业科学院农业生物技术研究所	SWJS 研究所
广东省家禽科学研究所	JQKX 研究所
广东省农业科学院农业资源与环境研究所	ZYHJ 研究所
广东省粮食科学研究所	LSKX 研究所

将统计数据进行整理，并根据第 4 章 4.3 节提出的区间直觉模糊多属性评价方法进行计算，得到农业科研机构创新能力评价指标权重，如表 5-2 所示。

表 5-2　广东省属农业科研机构创新能力综合评价指标权重值

评价指标	权重/%
国家、省级重点实验室数（包含研究室）	4.12
科研农业用地面积	6.56
科研仪器设备金额	3.40
科研房屋建筑金额	1.28
本科学历人数	1.88
R&D 课题数	3.12
其他课题数	1.35
创新精神、创新价值观等意识形态相适应的企业制度、规章、条例、组织结构等水平（定性）	2.65
员工激励程度、满意度、工作氛围等（定性）	2.80
领导者表率、信息沟通与创新试验环境等（定性）	1.30
科技成果推广应用人次	1.33
科技成果推广应用人次	5.56
技术指导人次（培训人数×天数）	2.44
科技下乡（示范、试验推广等）服务支出	3.86
专利转让及许可收入	3.66
硕士学历人数	2.37
博士学历人数	3.78
中高级职称人数	2.20

续表 5-2

评价指标	权重/%
R&D 人员折合工作量投入	1.89
技术人员折合工作量投入	2.01
其他辅助人员折合工作量投入	0.27
R&D 经费投入	5.68
生产经营投入	3.11
一般科技论文数	2.15
高水平论文数	3.25
科技专著数	4.12
专利申请数	2.67
专利授权数	2.78
国家级奖励数	3.60
省部级奖励数	2.20
其他奖励数	1.25
非专利营业收入	3.34
当年培养硕士学历人数	3.89
当年培养中高级职称人数	4.13

将统计数据整理根据 4.3 节提出的评价方法进行计算，得到农业类科研机构创新能力的相对得分值与排名如图 5-1 所示。

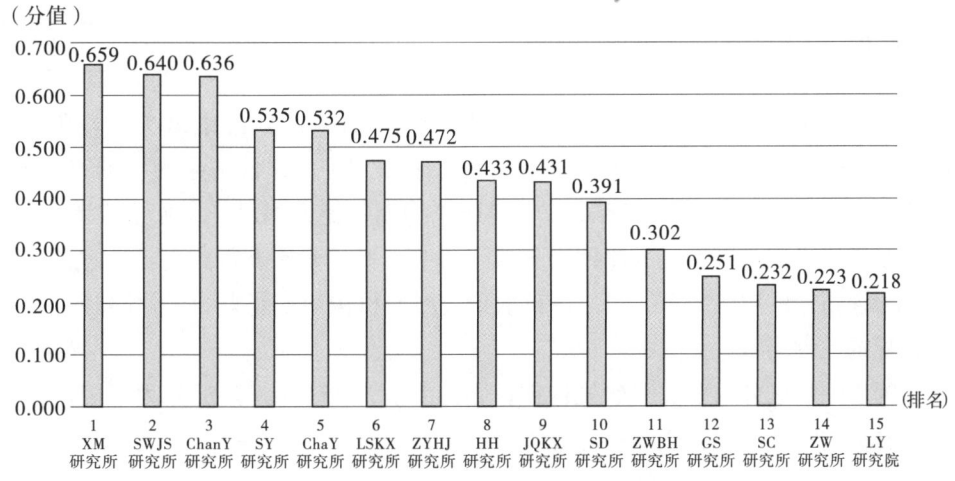

图 5-1 广东省属农业科研机构相对得分值与排名

可以看到，15 所农业类科研机构创新能力由高到低为广东省农业科学院动物科学研究所、广东省农业科学院农业生物技术研究所、广东省农业科学院蚕业研究所、广东省农业科学院动物卫生研究所、广东省农业科学院茶叶研究所、广东省粮食科学研究所、广东省农业科学院农业资源与环境研究所、广东省农业科学院环境园艺研究所（原广东省农业科学院花卉研究所）、广东省家禽科学研究所、广东省农业科学院水稻研究所、广东省农业科学院植物保护研究所、广东省农业科学院果树研究所、广东省农业科学院蔬菜所、广东省农业科学院作物研究所、广东省林业科学研究院。

接着，根据相对得分值（综合评价得分）对农业类的科研机构创新能力进行分类评级。相对得分值大于 0.6 的机构创新能力评级为"强"，相对得分值处于 0.45～0.6 范围的机构创新能力评级为"较强"，相对得分值处于 0.3～0.45 范围的机构创新能力评级为"中等"，相对得分值处于 0.3 以下范围的机构创新能力评级为"弱"。经过数据统计，得到结果如表 5-3 所示。

表 5-3　科研机构创新能力评级分类

层次	创新能力	地区
A（$S_i > 0.6$）	强	XM 所、SWJS 研究所、ChanY 研究所
B（$0.6 \geqslant S_i > 0.45$）	较强	SY 研究所、ChaY 研究所、LSKX 研究所、ZYHJ 研究所
C（$0.45 \geqslant S_i > 0.3$）	中等	HH 研究所、JQKX 研究所、SD 研究所、ZWBH 研究所
D（$0.3 \geqslant S_i > 0$）	弱	GS 研究所、SC 所、ZW 研究所、LY 研究院

整体结果来看，创新能力强的农业科研机构有 3 所，占比 20%；较强有 4 所，占比 27%；评价结果为中等的有 4 所，占比 7%；评价结果为弱的有 4 所，占比 27%。由此可见，广东省属农业科研机构创新能力相对来说处于中等水平，有 8 家科研机构的创新能力测评得分低于 0.45，整体水平有待提高。通过进一步分析测评指标的层级关系，可以明确农业类科研机构创新能力的优化路径与能力值差异的关键要素。

为进一步区分农业类科研机构创新能力大小，本研究将其细分为一级指标得分，具体的计算结果如表 5-4 所示。

表5-4 农业类科研机构一级指标得分情况

机构	创新基础能力	创新投入能力	创新营运能力	创新产出能力	创新社会效应
XM 所	0.684	0.657	0.646	0.643	0.667
SWJS 研究所	0.679	0.646	0.622	0.621	0.631
ChanY 研究所	0.668	0.623	0.605	0.627	0.656
SY 研究所	0.571	0.538	0.526	0.506	0.535
ChaY 研究所	0.553	0.512	0.541	0.514	0.542
LSKX 研究所	0.454	0.489	0.479	0.486	0.465
ZYHJ 研究所	0.503	0.435	0.417	0.516	0.488
HH 研究所	0.443	0.403	0.436	0.453	0.432
JQKX 研究所	0.451	0.432	0.438	0.422	0.411
SD 研究所	0.453	0.324	0.419	0.357	0.404
ZWBH 研究所	0.326	0.287	0.332	0.363	0.203
GS 研究所	0.308	0.208	0.276	0.219	0.243
SC 所	0.272	0.202	0.213	0.242	0.231
ZW 研究所	0.232	0.223	0.208	0.236	0.192
LY 研究院	0.203	0.286	0.224	0.207	0.197

将创新能力评价同级别的农业科研机构的创新能力一级指标评价进行加权平均和二级指标评价进行加权平均，根据计算得到的评价结果如表5-5和表5-6所示。

表5-5 不同创新级别农业类科研机构一级指标评价结果

机构创新级别	创新基础能力	创新投入能力	创新营运能力	创新产出能力	创新社会效应
强	0.679	0.623	0.615	0.638	0.635
较强	0.532	0.525	0.571	0.526	0.543
中等	0.398	0.332	0.419	0.364	0.436
弱	0.212	0.265	0.238	0.216	0.195

表5-6 不同创新级别农业类科研机构二级指标评价结果

二级指标/机构创新级别	评级			
	强	较强	中等	弱
设施基础	0.608	0.579	0.308	0.250
人才基础	0.693	0.528	0.374	0.256
人力投入	0.644	0.517	0.373	0.303
财力投入	0.611	0.560	0.416	0.306
课题投入	0.634	0.473	0.339	0.295
创新制度	0.670	0.591	0.349	0.263
创新氛围	0.629	0.418	0.326	0.220
创新文化	0.726	0.561	0.407	0.202
论著产出	0.624	0.561	0.418	0.203
专利产出	0.693	0.542	0.342	0.263
成果奖励	0.652	0.543	0.329	0.226
推广与应用	0.694	0.512	0.429	0.256
人才培养	0.563	0.474	0.323	0.243

根据评价结果发现，不同创新能力级别的农业类科研机构能力要素的集聚效应明显。综合评价值分数较高的机构在创新基础能力、创新投入能力、创新营运能力、创新产出能力、创新社会效应五大单项指标上均有较好地表现。具体到二级指标方面，不同级别的科研机构在设施、人才、财力、成果等方面表现差异较大。比如科研农业用地面积方面，广东省农业科学院动物科学研究所的农业科研场地总面积超过1.4万平方米，成果示范基地10多万平方米，在农业类科技机构中指标优势明显。成果转化方面，广东省农业科学院茶叶研究所拥有著名品牌"鸿雁"，自主产权产品有金毫茶、银毫茶、乌龙红茶、品常健体乌龙茶、英红九号、金萱蒸青绿茶、金萱乌龙茶、岭南春、广东单丛千两茶等，以其科研基地为基础、以茶文化为主题开发农业生态旅游，创办的"英德茶叶世界"也取得显著经济和社会效益。人才建设方面，不同机构之间差异较大。广东省农业科学院蚕业与农产品加工研究所现有在职员工300余人，其中科技人员136人，研究员19人，副研究员和高级农艺师19人，博士21人，硕士31人，而广东省粮食科学研究所现有职工44人，其中博士2人，硕士7人，本科大专29人。研究结

果表明，农业类科研机构得分相对较低的在人才建设以及成果转化等指标值具有较大的优化潜力。

5.2 工业科研机构创新能力静态评价分析

为方便统计分析和表述，本研究将广东省属工业科研机构用相应代码表示（表5-7）。

表5-7 广东省属工业科研机构

机构名称	代码
广州有色金属研究院	YSJS 研究院
广东省科学院自动化工程研制中心	ZDHGC 中心
广东省石油与精细化工研究院	SYJXHG 研究院
广东省工程技术研究所	GCJS 研究所
广州机械设计研究所	JXSJ 研究所
广东省化学纤维研究所	HXXW 研究所
广东省建筑科学研究院	JZKX 研究院
广东省食品工业研究所	SPGY 研究所
广东省电子技术研究所	DZJS 研究所
广东省建筑材料研究院	JZCL 研究院
广东省陶瓷研究所	TC 研究所
广东省农业机械研究所	NYJX 研究所
广东省机械研究所	JX 研究所
广东省钢铁研究所	GT 研究所
广东省造纸研究所	ZZ 研究所
广州半导体材料研究所	BDTCL 研究所

将统计数据进行整理，同理根据第4章提出的区间直觉模糊多属性评价方法进行计算，得到工业科研机构创新能力评价指标权重如表5-8所示。

表5-8 广东省属工业科研机构创新能力综合评价指标权重值

评价指标	权重/%
国家、省级重点实验室数（包含研究室）	4.27
R&D 课题数	3.42
国家级奖励数	3.17
科研仪器设备金额	3.66
科研房屋建筑金额	1.00
本科学历人数	1.22
硕士学历人数	2.37
博士学历人数	3.36
中高级职称人数	2.25
R&D 人员折合工作量投入	2.87
技术人员折合工作量投入	3.33
其他辅助人员折合工作量投入	0.47
R&D 经费投入	4.98
生产经营投入	2.81
其他课题数	1.05
创新精神、创新价值观等意识形态相适应的企业制度、规章、条例、组织结构等水平（定性）	2.77
员工激励程度、满意度、工作氛围等（定性）	2.21
领导者表率、信息沟通与创新试验环境等（定性）	1.10
一般科技论文数	2.25
高水平论文数	3.75
科技专著数	4.06
专利申请数	2.07
专利授权数	2.64
工业行业标准数	5.77
工业行业证书数	4.65
省部级奖励数	2.30

第5章 广东省属科研机构创新能力静态评价研究

续表 5-8

评价指标	权重/%
其他奖励数	1.75
科技成果推广应用人次	4.40
技术指导人次（培训人数×天数）	2.00
专利转让及许可收入	3.59
非专利营业收入	3.45
当年培养硕士学历人数	3.66
当年培养中高级职称人数	3.93
废水、气排放达标率	2.42
固定资产环保设施率	1.01

根据表 5-8 获取的权重参数，运用 4.3 节的方法测评 16 个科研机构的创新能力，得到工业类科研机构创新能力综合得分值与排名如图 5-2 所示。

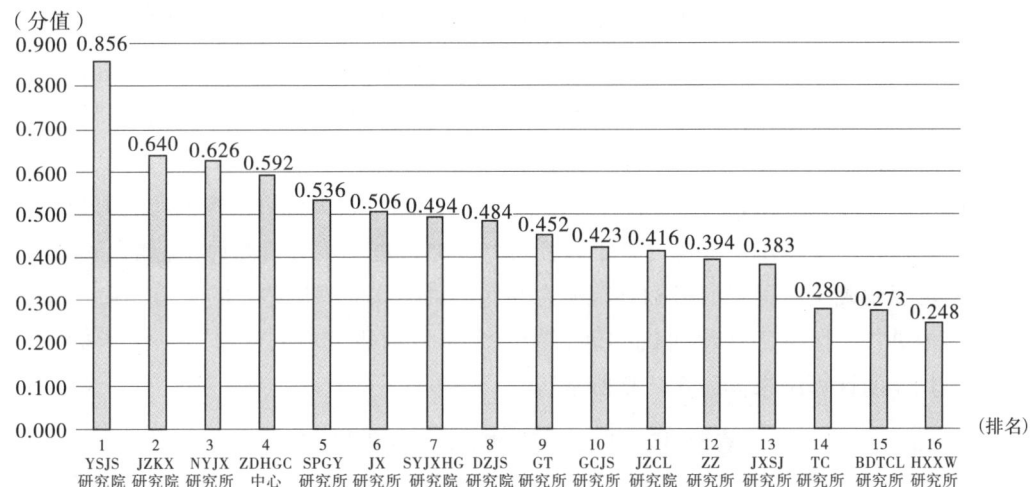

图 5-2 广东省属工业科研机构得分值与排名

可以看到，广东省属工业科研机构创新能力由高到低为广州有色金属研究院、广东省建筑科学研究院、广东省农业机械研究所、广东省科学院自动化工程研制中心、广东省食品工业研究所、广东省机械研究所、广东省石油与精细化工研究院、广东省电子技术研究所、广东省钢铁研究所、广东省工程技术研究所、广东省建筑材料研究院、广东省造纸研究所、广州机械设计研究所、广东省陶瓷研究所、广州半导体材料研究所、广东省化学纤维研究所。

接着，根据相对得分值（综合评价得分）对工业科研机构创新能力进行分类评级，评级方法与前面相同。经过数据统计，评级结果如表5-9所示。

表5-9　工业科研机构创新能力评级分类

层次	创新能力	地　区
A（$S_i>0.6$）	强	YSJS研究院、JZKX研究院、NYJX研究所
B（$0.6 \geqslant S_i>0.3$）	较强	ZDHGC中心、SPGY研究所、JX研究所、SYJXHG研究院、DZJS研究所、GT研究所
C（$0.3 \geqslant S_i>0.2$）	中等	GCJS研究所、JZCL研究院、ZZ研究所、JXSJ研究所
D（$0.2 \geqslant S_i>0$）	弱	TC研究所、BDTCL所、HXXW研究所

整体结果来看，创新能力"强"的科研机构有3家，包括广州有色金属研究院、广东省建筑科学研究院、广东省农业机械研究所，共占比19%；"较强"的有广东省科学院自动化工程研制中心、广东省食品工业研究所、广东省机械研究所、广东省石油与精细化工研究院、广东省电子技术研究所、广东省钢铁研究所共6家，合计占比38%；评价结果为"中等"的是广东省工程技术研究所、广东省建筑材料研究院、广东省造纸研究所、广州机械设计研究院，占比25%；创新能力为"弱"包括广东省陶瓷研究所、广州半导体材料研究所、广东省化学纤维研究所共6家，占比19%。由此可见，我国工业类科研机构创新能力强弱差距悬殊，但整体水平大部分处于较强行列。通过进一步分析测评指标的层级关系，可以明确工业类科研机构创新能力的优化路径与能力值差异的关键要素。

为进一步区分工业科研机构创新能力大小，本研究将其细分为一级指标得分，具体的计算结果如表5-10所示。

表5-10　工业科研机构一级指标得分情况

机构	创新基础能力	创新投入能力	创新营运能力	创新产出能力	创新社会效应
YSJS研究院	0.853	0.874	0.862	0.848	0.842
JZKX研究院	0.632	0.654	0.648	0.632	0.636
NYJX研究所	0.641	0.631	0.602	0.616	0.638
ZDHGC中心	0.521	0.584	0.637	0.594	0.625
SPGY研究所	0.534	0.512	0.503	0.585	0.545

第5章 广东省属科研机构创新能力静态评价研究

续表 5–10

机构	创新基础能力	创新投入能力	创新营运能力	创新产出能力	创新社会效应
JX 研究所	0.519	0.521	0.491	0.574	0.427
SYJXHG 研究院	0.521	0.405	0.484	0.563	0.499
DZJS 研究所	0.498	0.484	0.482	0.453	0.502
GT 研究所	0.485	0.393	0.472	0.446	0.463
GCJS 研究所	0.446	0.377	0.453	0.438	0.403
JZCL 研究院	0.426	0.437	0.432	0.393	0.393
ZZ 研究所	0.353	0.425	0.415	0.326	0.389
JXSJ 研究所	0.346	0.331	0.396	0.412	0.432
TC 研究所	0.331	0.304	0.271	0.225	0.269
BDTCL 所	0.248	0.285	0.285	0.233	0.316
HXXW 研究所	0.241	0.261	0.258	0.276	0.202

将创新能力评价同级别的工业类科研机构的创新能力一级指标评价进行加权平均和二级指标评价进行加权平均,根据计算得到的评价结果如下表 5–11 和表 5–12 所示。

表 5–11　不同创新级别工业科研机构一级指标评价结果

机构创新级别	创新基础能力	创新投入能力	创新营运能力	创新产出能力	创新社会效应
强	0.732	0.754	0.748	0.782	0.736
较强	0.523	0.516	0.494	0.543	0.428
中等	0.358	0.405	0.436	0.337	0.364
弱	0.252	0.265	0.275	0.242	0.307

表 5–12　不同创新级别工业科研机构二级指标评价结果

二级指标/机构创新级别	评级			
	强	较强	中等	弱
设施基础	0.749	0.532	0.373	0.213
人才基础	0.799	0.511	0.387	0.221

续表 5-12

二级指标/机构创新级别	评级			
	强	较强	中等	弱
人力投入	0.796	0.572	0.409	0.216
财力投入	0.814	0.563	0.396	0.210
课题投入	0.720	0.518	0.393	0.282
创新制度	0.737	0.495	0.311	0.226
创新氛围	0.793	0.585	0.419	0.259
创新文化	0.787	0.405	0.375	0.204
论著产出	0.741	0.583	0.429	0.247
专利产出	0.703	0.521	0.422	0.209
其他产出	0.814	0.567	0.415	0.256
成果奖励	0.720	0.569	0.442	0.292
推广与应用	0.711	0.464	0.329	0.236
创新文化	0.734	0.545	0.370	0.212
人才培养	0.788	0.596	0.360	0.226
环保效能	0.767	0.482	0.371	0.279

根据本研究细分得分指标发现，不同创新能力评级的工业科研机构能力要素的集聚效应明显。综合评价值分数较高的机构在创新基础能力、创新投入能力、创新营运能力、创新产出能力、创新社会效应五大单项指标上均有较好的表现。具体到二级指标方面，不同级别的机构在设施、人才、财力、成果等方面表现差异较大。比如人才培养方面，广州有色金属研究院有职工1326人，其中中国工程院院士1人，享受政府津贴46人，教授级高级工程师和高工475人，硕博士394人，具有中级职称以上科技人员占75%，指标分值遥遥领先，而单项得分相对靠后的比如化学纤维研究所在职员工仅75名，人才基础差距明显。再比如科研产出方面，有色金属研究院迄今共取得各类科研成果1000多项，其中获国家级奖励100多项，省部级奖励600多项，先后取得授权发明专利100多项，近十年来获得国家科技进步二等奖6项，其现有科技产业公司及控股、参股公司10个，直接开发的高新技术产品100多种，遥遥领先其他的工业科研机构。研究结果表明，工业类科研机构得分相对较低的在财力投入以及创新文化建设等指标值

具有较大的优化潜力。

5.3 科技服务类科研机构创新能力静态评价分析

为方便统计分析和表述，本研究将广东省属科技服务科研机构用相应代码表示（表5-13）。

表5-13 广东省属科技服务科研机构

机构名称	代码
广东省科技基础条件平台中心（广东省计算中心）	JS 中心
广东省测试分析研究所（原中国广州分析测试中心）	CSFX 研究所
广东省技术经济研究发展中心	JJYF 中心
广东省技术开发中心	JSKF 中心
广东省科学技术情报研究所	KJQB 研究所
广东省农科院科技情报研究所	NKYKJQB 研究所
广东省昆虫研究所	KC 研究所
广东省体育科学研究所	TYKX 研究所
广东省医学情报研究所	YXQB 研究所

将统计数据进行整理，并根据第4章4.3节提出的区间直觉模糊多属性评价方法进行计算，得到科技服务科研机构创新能力评价指标权重，如表5-14所示。

表5-14 广东省属科技服务科研机构创新能力综合评价指标权重值

评价指标	权重/%
国家、省级重点实验室数（包含研究室）	5.03
科研仪器设备金额	3.64
科研房屋建筑金额	1.58
本科学历人数	2.50
硕士学历人数	2.28
博士学历人数	3.41
中高级职称人数	2.02
R&D 人员折合工作量投入	2.29

续表 5-14

评价指标	权重/%
技术人员折合工作量投入	3.50
R&D 课题数	4.20
其他课题数	1.56
创新精神、创新价值观等意识形态相适应的企业制度、规章、条例、组织结构等水平（定性）	3.02
员工激励程度、满意度、工作氛围等（定性）	2.67
领导者表率、信息沟通与创新试验环境等（定性）	1.87
一般科技论文数	3.22
高水平论文数	3.80
科技专著数	4.27
专利申请数	3.00
其他奖励数	1.72
科技成果推广应用人次	4.59
技术指导人次（培训人数×天数）	3.30
专利转让及许可收入	5.26
非专利营业收入	3.76
当年培养硕士学历人数	4.31
当年培养中高级职称人数	3.74
其他辅助人员折合工作量投入	1.02
R&D 经费投入	4.80
生产经营投入	3.69
专利授权数	3.27
国家级奖励数	3.52
省部级奖励数	3.14

然后将统计数据带入运用 4.3 节区间直觉模糊多属性评价模型进行计算，得到科技服务类科研机构创新能力得分情况，如图 5-3 所示。

第5章 广东省属科研机构创新能力静态评价研究

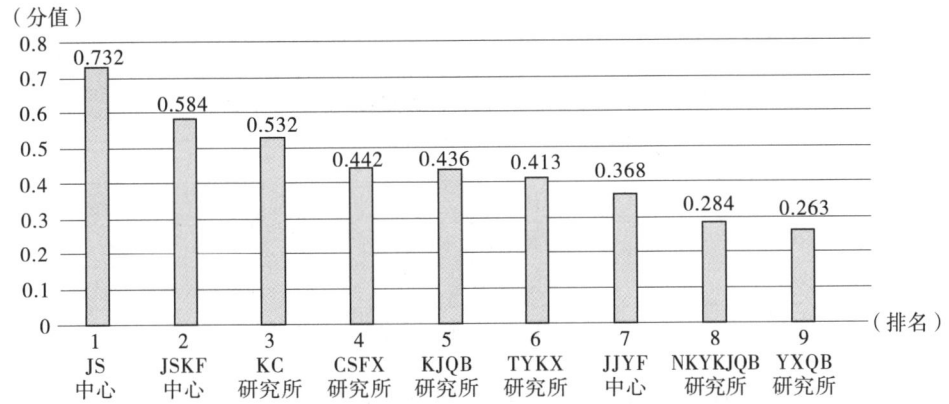

图 5-3 广东省属科技服务类科研机构得分值与排名

可以看到，9 所科技服务科研机构创新能力由高到低为广东省科技基础条件平台中心（广东省计算中心）、广东省技术开发中心、广东省昆虫研究所、广东省测试分析研究所（原中国广州分析测试中心）、广东省科学技术情报研究所、广东省体育科学研究所、广东省技术经济研究发展中心、广东省农科院科技情报研究所、广东省医学情报研究所。

为进一步区分科技服务类科研机构创新能力大小，将其细分为一级指标得分，具体的计算结果如表 5-15 所示。

表 5-15 科技服务科研机构一级指标得分情况

机构	创新基础能力	创新投入能力	创新营运能力	创新产出能力	创新社会效应
JS 中心	0.732	0.759	0.799	0.724	0.748
JSKF 中心	0.556	0.493	0.581	0.546	0.531
KC 研究所	0.533	0.535	0.543	0.521	0.423
CSFX 研究所	0.446	0.404	0.541	0.423	0.454
KJQB 研究所	0.360	0.456	0.481	0.341	0.375
TYKX 研究所	0.414	0.298	0.423	0.298	0.363
JJYF 中心	0.321	0.384	0.305	0.301	0.349
NKYKJQB 所	0.234	0.272	0.263	0.289	0.285
YXQB 研究所	0.233	0.216	0.296	0.224	0.212

根据相对得分值（综合评价得分）对科技服务类的科研机构创新能力进行分类评级，评级方法与前面相同。经过数据统计，评级结果如表5-16所示。

表5-16 科技服务科研机构创新能力评级分类

层次	创新能力	地　区
A（$S_i>0.6$）	强	JS中心
B（$0.6≥S_i>0.3$）	较强	JSKF中心、KC研究所
C（$0.3≥S_i>0.2$）	中等	KJQB研究所、CSFX研究所、TYKX研究所、JJYF中心
D（$0.2≥S_i>0$）	弱	NKYKJQB所、YXQB研究所

从整体结果来看，科技服务科研机构创新能力强的科研机构数量较少，仅有广东省计算中心，占比11%，较强的有广东省昆虫研究所、广东省技术开发中心，占比22%，评价结果为中等的有4所，占比45%，分别为广东省科学技术情报研究所、广东省测试分析研究所、广东省体育科学研究所、广东省技术经济研究发展中心。创新能力为弱的有2所，占比22%。由此可见，我国科技服务类科研机构核心竞争力的整体创新能力处于中等水平，有待提高。通过进一步分析测评指标的层级关系，可以明确科技服务类科研机构创新能力的优化路径与能力值差异的关键要素。根据评价计算一级指标和二级指标的评价结果如表5-17、表5-18所示。

表5-17 不同创新级别科技服务科研机构一级指标评价结果

机构创新级别	创新基础能力	创新投入能力	创新营运能力	创新产出能力	创新社会效应
强	0.732	0.759	0.799	0.724	0.748
较强	0.512	0.477	0.555	0.497	0.469
中等	0.365	0.379	0.403	0.313	0.362
弱	0.233	0.216	0.224	0.216	0.252

表5-18 不同创新级别科技服务科研机构二级指标评价结果

二级指标/机构创新级别	评　级			
	强	较强	中等	弱
设施基础	0.747	0.543	0.291	0.205
人才基础	0.767	0.535	0.292	0.209

第 5 章　广东省属科研机构创新能力静态评价研究

续表 5-18

二级指标/机构创新级别	评级			
	强	较强	中等	弱
人力投入	0.719	0.439	0.323	0.147
财力投入	0.701	0.434	0.257	0.141
课题投入	0.693	0.443	0.377	0.251
创新制度	0.700	0.430	0.338	0.200
创新氛围	0.685	0.500	0.394	0.275
创新文化	0.761	0.540	0.328	0.289
论著产出	0.627	0.423	0.292	0.262
专利产出	0.739	0.493	0.237	0.285
成果奖励	0.724	0.446	0.247	0.178
推广与应用	0.709	0.656	0.325	0.215
服务应用	0.799	0.681	0.301	0.287
人才培养	0.693	0.641	0.221	0.253

　　根据研究报告发现，不同创新能力评级的科技服务科研机构能力要素的集聚效应明显。综合评价值分数较高的机构在创新基础能力、创新投入能力、创新营运能力、创新产出能力、创新社会效应五大单项指标上均有较好的表现。具体到二级指标方面，不同级别的机构在设施、人才、财力、成果等方面表现差异较大。比如项目参与方面，广东省科技基础条件平台中心紧跟信息技术脉搏，凭借领先的技术研发实力与持续创新能力，以数字化技术带动企业改造、企业创新，共承接国家、省、市政府部门及各类企事业单位委托的省级科技计划项目（含重大项目）验收、计算机应用研究、咨询规划项目、MIS 工程项目系统建设 1000 多项。近十五年研究所共承接监理项目 2000 多个，监理项目投资总额约为 100 个亿，遥遥领先。服务应用方面，广东省测试分析研究所是国家科委和国家技术监督局授权的科技成果检测鉴定国家级机构，经人力资源和社会保障部、全国博士后管理委员会批准设立了博士后科研工作站，是中山大学－中国广州分析测试中心（广东省测试分析研究所）博士后创新实践基地，是国家民航总局认可的货物航空运输条件鉴定机构，是广东省质量技术监督局授权的辐射剂量法定计量检定机构，是广东省司法厅核准的司法鉴定机构，服务应用表现优异。研究结果

表明,科技服务类科研机构得分相对较低的项目在参与以及服务应用等指标值具有较大的优化潜力。

5.4 社会发展科研机构创新能力静态评价分析

为方便统计分析和表述,本研究将广东省属社会发展科研机构用相应代号表示(表5-19)。

表5-19 本研究评价的广东省属社会发展科研机构

机构名称	代码
广东省微生物研究所	WSW 研究所
广东省沼气研究所	ZQ 研究所
广东省安全科学技术研究所	AQKJ 研究所
广东省水利水电科学研究院	SLSD 研究院
广东省生物制品与药物研究所(原广东省药物研究所与生物制品研究所)	YW 研究所
广州地理研究所	DL 研究所
广东省中医研究所	ZY 研究所
广东省计划生育科学技术研究所	JHSY 研究所
广东省航运科学研究所	HYKX 研究所
广东省生态环境与土壤研究所	STTR 研究所
广东省老年医院研究所	LNYY 研究所

将统计数据进行整理,并根据第4章提出的区间直觉模糊多属性评价方法进行计算,得到社会发展科研机构创新能力评价指标权重如表5-20所示。

表5-20 广东省属社会发展科研机构创新能力综合评价指标权重值

评价指标	权重/%
国家、省级重点实验室数(包含研究室)	4.86
科研仪器设备金额	3.26
科研房屋建筑金额	1.61
本科学历人数	2.13
硕士学历人数	2.68

续表 5-20

评价指标	权重/%
博士学历人数	3.56
中高级职称人数	3.16
R&D 人员折合工作量投入	2.16
技术人员折合工作量投入	2.40
其他辅助人员折合工作量投入	0.75
R&D 经费投入	4.73
生产经营投入	3.62
社会发展公益性投入	5.27
R&D 课题数	3.74
其他课题数	1.80
创新精神、创新价值观等意识形态相适应的企业制度、规章、条例、组织结构等水平（定性）	2.34
员工激励程度、满意度、工作氛围等（定性）	2.17
领导者表率、信息沟通与创新试验环境等（定性）	2.28
一般科技论文数	2.85
高水平论文数	3.45
科技专著数	4.79
专利申请数	2.72
专利授权数	3.24
国家级奖励数	4.26
省部级奖励数	3.32
其他奖励数	1.18
社会发展公益成果推广	3.98
社会发展公益服务支出	2.78
专利转让及许可收入	3.68
非专利营业收入	3.42
当年培养硕士学历人数	3.43
当年培养中高级职称人数	4.40

然后将统计数据整理根据本课题提出的区间直觉模糊多属性评价方法进行计算，得到社会发展科研机构创新能力得分值与排名情况，如图5-4所示。

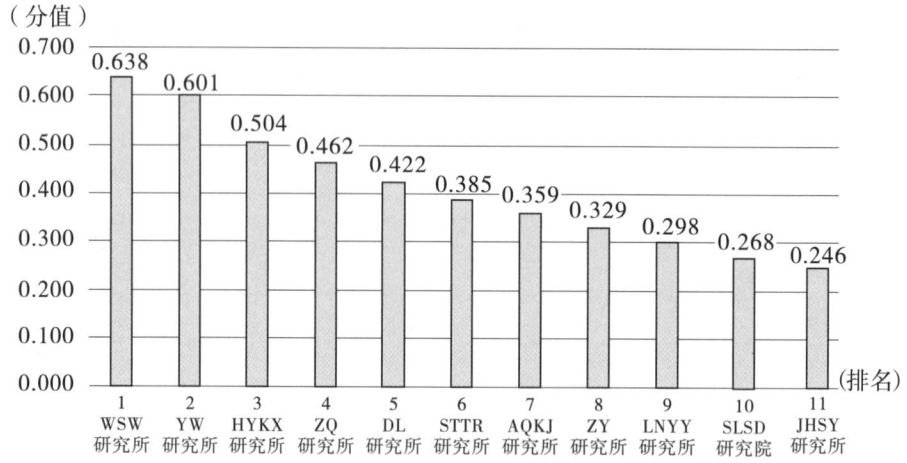

图5-4 广东省属社会发展科研机构得分值与排名

可以看到，社会发展科研机构创新能力由高到低为广东省微生物研究所、广东省生物制品与药物研究所、广东省航运科学研究所、广东省沼气研究所、广州地理研究所、广东省生态环境与土壤研究所、广东省安全科学技术研究所、广东省中医研究所、广东省老年医院研究所、广东省水利水电科学研究院、广东省计划生育科学技术研究所。

根据相对得分值（综合评价得分）对社会发展的科研机构创新能力进行分类评级，评级方法与前面相同。经过数据统计，评级结果如表5-21所示。

表5-21 社会发展科研机构创新能力评级分类

层次	创新能力	地 区
A（$S_i>0.6$）	强	WSW研究所、YW研究所
B（$0.6 \geqslant S_i>0.3$）	较强	HYKX研究所、ZQ研究所
C（$0.3 \geqslant S_i>0.2$）	中等	DL研究所、STTR研究所、AQKJ研究所、ZY研究所
D（$0.2 \geqslant S_i>0$）	弱	LNYY研究所、SLSD研究院、JHSY研究所

从整体结果来看，创新能力强的社会发展科研机构有广东省微生物研究所、广东省生物制品与药物研究所，占比18%；创新能力较强的有广东省航运科学研究所、广东省沼气研究所，占比18%；创新能力中等的有广州地理研究所、

广东省生态环境与土壤研究所、广东省安全科学技术研究所、广东省中医研究所，占比36%；创新能力弱的有广东省老年医院研究所、广东省水利水电科学研究院、广东省计划生育科学技术研究所，占比27%。

由此可见，广东省属社会发展科研机构创新能力分布不均，处于中等与弱的数量居多，有7家科研机构创新能力低于0.3，整体水平有待提高。通过进一步分析测评指标的层级关系，可以明确社会发展科研机构创新能力的优化路径与能力值差异的关键要素。

为进一步区分社会发展科研机构创新能力大小，将其细分为一级指标得分，具体的计算结果如表5-22所示。

表5-22 社会发展科研机构一级指标得分情况

机构	创新基础能力	创新投入能力	创新营运能力	创新产出能力	创新社会效应
WSW 研究所	0.668	0.643	0.635	0.587	0.656
YW 研究所	0.653	0.693	0.581	0.546	0.531
HYKX 研究所	0.436	0.568	0.578	0.443	0.493
ZQ 研究所	0.446	0.423	0.562	0.423	0.454
DL 研究所	0.463	0.435	0.417	0.408	0.386
STTR 研究所	0.423	0.412	0.372	0.384	0.332
AQKJ 研究所	0.401	0.372	0.378	0.302	0.341
ZY 研究所	0.413	0.321	0.311	0.294	0.307
LNYY 研究所	0.356	0.301	0.296	0.282	0.254
SLSD 研究院	0.301	0.294	0.261	0.225	0.259
JHSY 研究所	0.283	0.216	0.296	0.224	0.212

根据评价计算一级指标和二级指标的评价结果如表5-23、表5-24所示。

表5-23 不同创新级别社会发展科研机构一级指标评价结果

机构创新级别	创新基础能力	创新投入能力	创新营运能力	创新产出能力	创新社会效应
强	0.661	0.668	0.558	0.565	0.593
较强	0.441	0.496	0.513	0.433	0.461
中等	0.425	0.365	0.389	0.347	0.326
弱	0.313	0.270	0.284	0.247	0.242

表 5-24 不同创新级别社会发展科研机构二级指标评价结果

指标/创新级别	评级			
	强	较强	中等	弱
设施基础	0.640	0.430	0.386	0.286
人才基础	0.615	0.468	0.407	0.231
人力投入	0.631	0.517	0.386	0.242
财力投入	0.521	0.401	0.313	0.216
课题投入	0.644	0.478	0.359	0.224
创新制度	0.593	0.419	0.332	0.288
创新氛围	0.562	0.435	0.314	0.234
创新文化	0.603	0.445	0.372	0.282
论著产出	0.595	0.469	0.329	0.269
专利产出	0.574	0.431	0.315	0.214
其他产出	0.632	0.491	0.305	0.264
成果奖励	0.586	0.459	0.366	0.289
推广与应用	0.590	0.425	0.394	0.271
人才培养	0.640	0.433	0.317	0.292

根据评价结果发现，不同创新能力评级的科技服务类科研机构能力要素的集聚效应明显。综合评价值分数较高的机构在创新基础能力、创新投入能力、创新营运能力、创新产出能力、创新社会效应五大单项指标上均有较好的表现。具体到二级指标方面，不同级别的机构在设施、人才、财力、成果等方面表现差异较大。比如成果产出方面，广东省微生物研究所共取得科技成果 140 多项，其中达到国际先进水平以上 54 项；获国家和省部级以上奖励 100 余项，其中国家级成果奖 5 项，省部级一等奖 11 项。申请专利 264 件，授权 148 件，其中申请发明专利 255 件，授权 139 件，指标排名前列。标准制定方面，广东省生物制品与药物研究所依托省疾病预防控制中心"食品安全监测检测"医学重点专科和公共卫生研究院，采用食品安全国家标准等对食品进行质量检测并开展食品安全风险监测；纳入广东省 CDC 质量管理体系，开展食品安全标准研究和人才培训，为企业质量标准的研究、制订、复核提供平台，表现优异。研究结果表明，社会发展科研机构得分相对较低的在成果产出以及标准制定等指标值具有较大的优化潜力。

5.5 技术开发科研机构创新能力静态评价分析

截至 2014 年底,广东省级部门属科研机构共有 53 家,其中技术开发类有 25 家,占比约 47.17%,本研究从广东省科技情报所及相应的科研机构调研,并从《广东省科学技术机构统计调查数据汇编》及广东省科技统计网站(http://www.sts.gd.cn/)收集到 2010—2014 年共五年的相关数据。限于篇幅且部分研究机构的数据有缺失,仅罗列其中 10 家有代表性的技术开发类科研机构进行详细评价(表 5 - 25)。

表 5 - 25　本报告评价的广东省属技术开发类科研机构

机构名称	代码
广州有色金属研究院	YSJS 研究院
广东省建筑科学研究所	JZKX 研究所
广东省家禽科学研究所	JQKX 研究所
广东省化学纤维研究所	HXXW 研究所
广东省微生物研究所	WSW 研究所
广东省电子技术研究所	DZJS 研究所
广东省航运科学研究所	HYKX 研究所
广东省食品工业研究所	SPGY 研究所
广东省建筑材料研究院	JZCL 研究院
广东省半导体材料研究所	BDTCL 研究所

为了对广东省属技术开发科研机构创新能力进行客观评价,本文对一些公益类科研机构及广东省科技情报研究所进行了数据调研,并从《广东省科技年鉴》《广东省科学技术机构统计调查数据汇编》及广东省科技统计网站(http://www.sts.gd.cn/)收集到 2014 年的相关数据。

将统计数据整理,根据本课题提出的公益类科研机构创新能力指标与第 4 章 4.3 节区间直觉模糊多属性评价方法进行计算,得到 10 所技术开发科研机构创新能力得分值与排名情况,如图 5 - 5 所示。

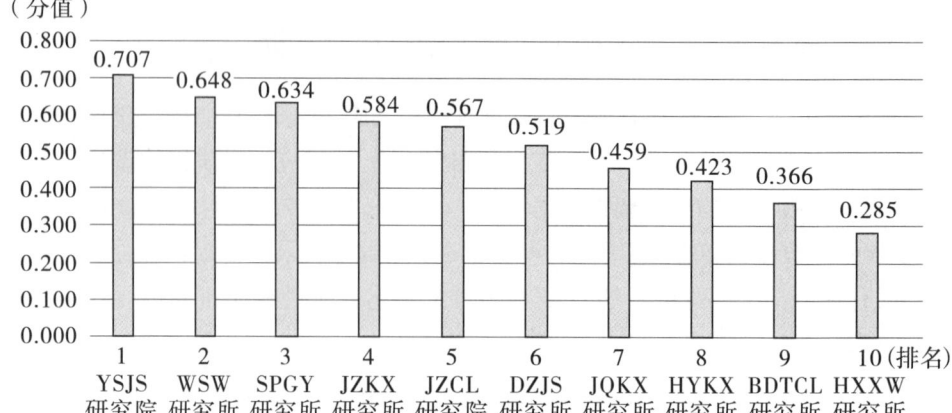

图 5-5　广东省属技术开发科研机构得分值与排名

可以看到，10 所技术开发科研机构创新能力由高到低为广州有色金属研究院、广东省微生物研究所、广东省食品工业研究所、广东省建筑科学研究所、广东省建筑材料研究院、广东省电子技术研究所、广东省家禽科学研究所、广东省航运科学研究所、广东省半导体材料研究所、广东省化学纤维研究所。

根据相对得分值（综合评价得分）对技术开发科研机构创新能力进行分类评级。相对得分值大于 0.6 的机构创新能力评级为"强"，相对得分值处于 0.45～0.6 范围的机构创新能力评级为"较强"，相对得分值处于 0.3～0.45 范围的机构创新能力评级为"中等"，相对得分值处于 0.3 以下范围的机构创新能力评级为"弱"。经过数据统计，得到以下结果（表 5-26）。

表 5-26　科研机构创新能力评级分类

层次	创新能力	地区
A（$S_i > 0.6$）	强	YSJS 研究院、WSW 研究所、SPGY 研究所
B（$0.6 \geq S_i > 0.45$）	较强	JZKX 研究所、JZCL 研究所、DZJS 研究所、JQKX 研究所
C（$0.45 \geq S_i > 0.3$）	中等	HYKX 研究所、BDTCL 研究所
D（$0.3 \geq S_i > 0$）	弱	HXXW 研究所

从整体结果来看，技术开发创新能力强的科研机构有 3 所，占比 20%；较强有 4 所，占比 27%；评价结果为中等的有 4 所，占比 7%；评价结果为弱的有 4 所，占比 27%。由此可见，广东省属技术开发科研机构创新能力相对来说处于中等水平，有 3 家科研机构的创新能力测评得分低于 0.45，整体水平有待提高。

通过进一步分析测评指标的层级关系，可以明确技术开发科研机构创新能力的优化路径与能力值差异的关键要素。

为进一步区分省属技术开发科研机构创新能力大小，将其细分为一级指标得分，具体的计算结果如表 5-27 所示。

表 5-27 技术开发科研机构一级指标得分情况

机构名称	创新基础能力	创新投入能力	创新营运能力	创新产出能力	创新社会效应
YSJS 研究院	0.713	0.727	0.706	0.643	0.667
WSW 研究所	0.659	0.626	0.642	0.651	0.653
SPGY 研究所	0.638	0.643	0.645	0.638	0.621
JZKX 研究所	0.581	0.598	0.576	0.568	0.595
JZCL 研究所	0.573	0.582	0.551	0.554	0.572
DZJS 研究所	0.524	0.489	0.529	0.516	0.505
JQKX 研究所	0.423	0.475	0.427	0.586	0.458
HYKX 研究所	0.443	0.403	0.416	0.423	0.418
BDTCL 研究所	0.381	0.362	0.348	0.382	0.351
HXXW 研究所	0.293	0.304	0.259	0.217	0.244

将创新能力评价同级别的科研机构的创新能力一级指标评价进行加权平均和二级指标评价进行加权平均，根据计算得到的评价结果如表 5-28 和表 5-29 所示：

表 5-28 不同创新级别技术开发科研机构一级指标评价结果

机构创新级别	创新基础能力	创新投入能力	创新营运能力	创新产出能力	创新社会效应
强	0.670	0.665	0.664	0.644	0.647
较强	0.525	0.536	0.521	0.556	0.533
中等	0.412	0.382	0.382	0.402	0.384
弱	0.293	0.304	0.259	0.217	0.244

表 5-29 不同创新级别技术开发科研机构二级指标评价结果

二级指标/机构创新级别	评级			
	强	较强	中等	弱
设施基础	0.712	0.546	0.426	0.301
人才基础	0.693	0.543	0.392	0.290
人力投入	0.654	0.579	0.386	0.287
财力投入	0.701	0.536	0.379	0.314
课题投入	0.632	0.547	0.389	0.293
创新制度	0.618	0.524	0.396	0.263
创新氛围	0.643	0.543	0.375	0.254
创新文化	0.627	0.532	0.379	0.256
论著产出	0.658	0.542	0.426	0.223
专利产出	0.649	0.539	0.414	0.221
成果奖励	0.637	0.528	0.402	0.216
推广与应用	0.634	0.567	0.396	0.248
人才培养	0.628	0.546	0.388	0.241

从评价的结果可以看到，处于评级"强"的科研机构平均创新能力综合评价值遥遥领先，远远高于其他机构。

5.6 广东省属公益科研机构创新能力静态评价分析

为方便统计分析和表述，将广东省属公益科研机构用相应代码表示（表5-30）。

表 5-30 8 所广东省属公益科研机构

机构名称	代码	主管部门	专业领域
广东省计划生育科学技术研究所	JHSY研究所	广东省计划生育委员会	人口和生殖健康领域，包括生殖技术、优生遗传学，包括优生技术等等

第 5 章 广东省属科研机构创新能力静态评价研究

续表 5-30

机构名称	代码	主管部门	专业领域
广东省林业科学研究院	LY研究院	广东省林业厅	主要开展林业应用研究，重点方向是林木新品种选育、森林资源保护、森林生态等
广东省水利水电科学研究院	SLSD研究院	广东省水利厅	水动力学应用研究领域，包括水资源优化配置、水力学数模、物模、农业水利及水保生态等方向
广东省农业科学院水稻研究所	SD研究所	广东省农业科学院	超级稻育种、优质稻育种、水稻可持续生产技术等
广东省农业科学院植物保护研究所	ZWBH研究所	广东省农业科学院	农作物病虫草鼠害发生规律、预警及可持续控制技术研究，环境友好型农药研究，植保分子生物技术研究
广东省农业科学院作物研究所	ZW研究所	广东省农业科学院	重点开展作物新品种选育、配套栽培技术、农产品加工技术及生物技术的研究与开发
广东省农业科学院蔬菜所	SC研究所	广东省农业科学院	以现代生物技术与常规技术结合的蔬菜选育种、配套栽培技术、产品质量检测
广东省农业科学院果树研究所	GS研究所	广东省农业科学院	重点是果树新品种选育，重视生物技术育种和常规选种相结合

本文对一些公益类科研机构及广东省科技情报研究所进行了数据调研，并从《广东省科技年鉴》《广东省科学技术机构统计调查数据汇编》及广东省科技统计网站（http://www.sts.gd.cn/）收集到 2014 年的相关数据。

将统计数据整理根据本课题提出的公益类科研机构创新能力指标与 4.3 节区间直觉模糊多属性评价方法进行计算，得到 8 所公益类科研机构创新能力得分值与排名情况，如图 5-6 所示。

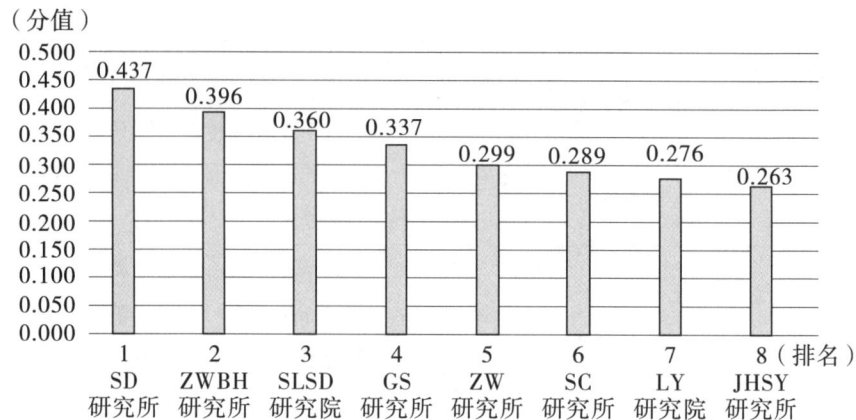

图 5-6　广东省属公益类科研机构创新能力得分与排名

从图 5-6 可以看到，8 所公益类科研机构创新能力由高到低为广东省农业科学院水稻研究所、广东省农业科学院植物保护研究所、广东省水利水电科学研究院、广东省农业科学院果树研究所、广东省农业科学院作物研究所、广东省农业科学院蔬菜所、广东省林业科学研究院、广东省计划生育科学技术研究所。

为进一步区分省属公益类科研机构创新能力大小，将其细分为一级指标得分和二级指标得分，具体的计算结果分别如表 5-31 和表 5-32 所示。

表 5-31　广东省属公益类科研机构一级指标得分情况

指标 机构	创新基础能力	创新投入能力	创新营运能力	创新产出能力	创新社会效应
SD 研究所	0.418	0.421	0.487	0.373	0.386
ZWBH 研究所	0.359	0.402	0.465	0.349	0.384
SLSD 研究院	0.331	0.412	0.365	0.308	0.363
GS 研究所	0.339	0.381	0.386	0.261	0.297
ZW 研究所	0.315	0.332	0.291	0.270	0.269
SC 研究所	0.299	0.293	0.298	0.258	0.276
LY 研究院	0.263	0.283	0.304	0.240	0.269
JHSY 研究所	0.251	0.292	0.284	0.256	0.243

表 5-32 广东省属公益类科研机构二级指标得分情况

机构 指标	SD 研究所	ZWBH 研究所	SLSD 研究院	GS 研究所	ZW 研究所	SC 研究所	LY 研究院	JHSY 研究所
设施基础	0.388	0.329	0.301	0.309	0.285	0.269	0.233	0.221
人才基础	0.428	0.369	0.341	0.349	0.325	0.309	0.273	0.261
人力投入	0.381	0.362	0.372	0.341	0.292	0.253	0.243	0.252
财力投入	0.433	0.414	0.424	0.393	0.344	0.305	0.295	0.304
课题投入	0.427	0.408	0.418	0.387	0.338	0.299	0.289	0.298
创新制度	0.511	0.489	0.389	0.410	0.315	0.322	0.328	0.308
创新氛围	0.498	0.476	0.376	0.397	0.302	0.309	0.315	0.295
创新文化	0.435	0.413	0.313	0.334	0.239	0.246	0.252	0.232
论著产出	0.381	0.357	0.316	0.269	0.278	0.266	0.248	0.234
专利产出	0.379	0.355	0.314	0.267	0.276	0.264	0.246	0.232
其他产出	0.349	0.325	0.284	0.237	0.246	0.234	0.216	0.202
成果奖励	0.388	0.406	0.385	0.319	0.291	0.298	0.291	0.265
人才培养	0.373	0.391	0.370	0.304	0.276	0.283	0.276	0.250

通过调研、统计、结合评价结果后可以发现，总体横向排名靠前的科研机构，其中一部分机构各项创新能力指标都名列前茅，而另一部分虽然有几类指标不理想，但通过其他方面的努力，带动了综合水平的提高，而且大部分总体横向排名虽较为靠后的科研机构，在某一方面的创新能力指标也有着不错的表现。但是，目前困扰广东省属公益类科研机构创新能力的问题也依然很多，主要包括以下问题：

1. 广东省属公益类科研机构的基础科研创新产出较少

广东省公益类科研机构的创新产出中，专利类的指标在所有指标表现相对较差，表示广东省公益类科研机构在科研专利水平方面的成果较少，并且是对创新能力有最大负面影响的一类指标。在综合调研原始数据后可以发现，尽管在这几年中广东省属公益类科研机构的专利申报数较多，但是专利转化数却非常低，并且有大量专利申报并不符合专利授权的要求，专利申报有一定的水分。此外，还有个别省属公益类科研机构没有任何专利转化，一定程度上说明科研专利在与实际科学应用中仍存在较多的问题。其次，从科研专利中最重要的一项——发明专利的角度来看,广东省属公益类科研机构的发明专利也较少,并且各年度的发明专利数量较不稳定。

此外在论文发表方面,只有核心期刊论文数量较多,四大索引收录的论文数量较少,影响因子3.0以上的论文方面更少。基础科研成果指标表现不佳,体现出广东省属公益类科研机构在知识创新上游仍需进一步加强。

2. 广东省属公益类科研机构R&D人力投入和基础设施存在不足

省属公益类科研机构的研发力量整体还有些单薄,R&D人力投入和基础设施是提升创新能力的基础,因此从横向分析中也可以发现,排名靠后的科研机构往往都存在着研发人员不足的难题。也有个别家省属公益类科研机构尽管有着较为充足的研发人员,但是创新能力较低的情况。

另外,部分科研机构存在研发设施不足的情况,在考虑到少数科研机构由于科研领域的原因不需要研发设备之外,部分省属公益类科研机构也存在可使用研发设备数量减少的情况(如广东省水利水电科学研究院、广东省农业科学院植物保护研究所)。

3. 广东省属公益类科研机构的配套设施尚未有效实行

大部分科研机构反映有关部门在落实已制订的改革措施和方案上存在着一定的问题。对公益类科研机构来说,政府配套措施的有效实行是支持并提升省属公益类科研机构的重要基础。在完成本课题的研究中,4家省属科研机构认为"缺少优秀人才"是当前的第二大问题;3家省属科研机构表示业务中坚不稳定,5家省属科研机构认为吸引并调动人才的积极性是当前制约省属公益类科研机构的重要问题之一。广东省属公益类科研机构人才问题还表现在骨干人才的非正常流失。

对于以上广东省属公益类科研机构创新能力造成以上问题,其原因主要包括以下几点:

首先,政府对省属公益类科研机构的重视程度不足。公益类型科研机构的发展、创新能力的提升需要政府为科研人员营造相对较为良好与持久的工作环境。对省属公益类科研机构而言,政府对这类机构给予稳定和长期的政策支持,是保证这类科研机构能够稳定发展的重要前提。因为公益类型科研机构的科研人员所从事的研究主要解决社会发展的共性问题,主要科研目的是为社会提供优质的基础性公共产品。这些公益性质的科研成果所产生的效益主要体现在生态、社会效益,自身无法获取经济效益,因此需要依靠政府的长期投入,只有在对科研工作者的待遇予以完善的保障和对科研项目和科研条件建设上给予充分的支持下,才

能稳定和保证一批优秀的科技人才队伍专心从事公益型的研究工作,从而进一步提升自身创新能力。

其次,对省属公益类科研机构的财政支持需进一步加强。在科研机构改革的大政策设计方案中,省属公益类科研机构是财政核拨的科研事业类型单位,但在实际运行中财政拨款是按照事业单位费用的六成拨付,其余省属公益类科研机构运行中科研人员的工资、福利,科研项目与所获奖项的奖酬金、日常行政支出以及办公费用、研究经费等都需要通过纵向或横向科研项目的收入弥补,所以也造成部分科研工作者在科研过程中存在短视行为。

第三,科技人力出现问题的原因在于科技人才的流失,科研人才流失首先是科研机构内部激励不够,导致一些50多岁将到退休年龄,正处年富力强的专家纷纷提前退休。年轻的科研人员群体中由于缺乏科研骨干,创新能力还不够高。此外,缺乏科研带头人也使得科研机构内的竞争氛围不足,科研人员不愿在创新工作中发挥作用;另外省属公益类科研机构研发人员的心态也不够稳定,科研人员在研究过程中不能得到应有的保障,改革后一部分省属公益类科研机构在待遇、发展前景等方面的吸引力下降,使得一些骨干人才争相调往生活待遇和科研环境更为优越的高等院校,使研发人员缺乏工作安全感与归属感,不能全身心投入到科研工作当中去,造成科研工作的延续性受到较大影响,阻碍了科研机构创新能力的进一步提升。

综上,虽然在科研体制改革初期后,大部分省属科研机构创新能力有了较为显著提高,但也不能忽视机构内相应的问题。目前广东省属公益类科研机构普遍还存在着阻碍创新能力进一步发展的因素,寻找出合适的解决办法才能使广东省属公益类科研机构的创新能力得到最大限度的提升。

第6章　广东省属科研机构创新能力动态评价及预测研究

第5章开展了广东省属科研机构创新能力的静态评价研究，为了掌握这些省属科研机构创新能力的动态变化情况，准确预测未来发展情况，本章开展广东省属科研机构创新能力的动态评价及预测研究。通过对广东省科技情报研究所、相关农业类及工业类科研机构进行调研，并从《广东省科学技术机构统计调查数据汇编》及广东省科技统计网站（http://www.sts.gd.cn/）收集到2012—2014年的相关部分数据（其中少部分残缺值用平均值代替）。由于数据的不完整性，本研究仅对部分农业类科研机构以及少数工业类以及技术开发类的科研机构进行动态评价及预测研究。

6.1　农业科研机构创新能力动态评价分析

为方便管理，本研究将以下农业类科研机构进行编号命名处理，见表6-1。

表6-1　农业类科研机构及代码

机构名称	代码
广东省农业科学院水稻研究所	SD 研究所
广东省农业科学院植物保护研究所	ZWBH 研究所
广东省农业科学院环境园艺研究所	HJYY 研究所
广东省农业科学院果树研究所	GS 研究所
广东省农业科学院蔬菜研究所	SC 研究所
广东省林业科学研究院	LYKX 研究院
广东省农业科学院作物研究所	ZW 研究所
广东省农业科学院动物科学研究所	DWKE 研究所

采用第4章4.4节的 LFPP – FAHP 动态评价方法对广东省属农业类科研机构创新能力评价，得到图6-1所示结果。

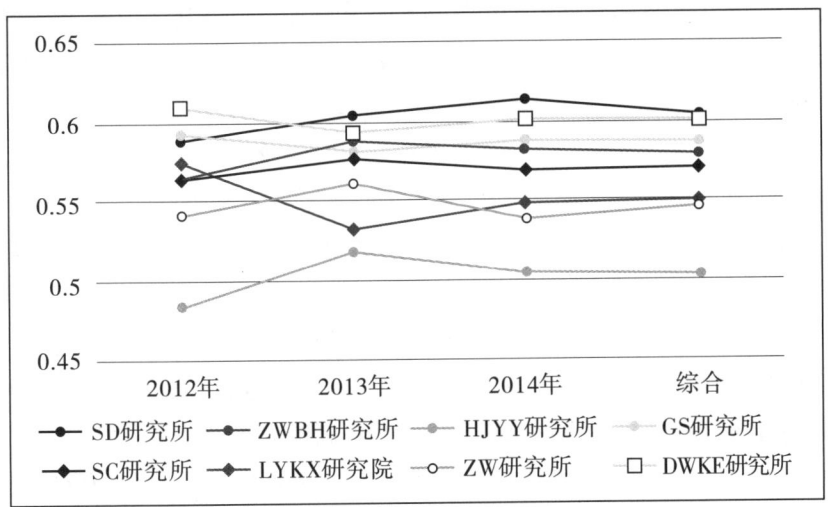

图6-1　农业类科研机构创新能力动态评价结果

为了进一步分析广东省属农业类科研机构创新能力变化趋势，将排名以及变化情况总结归类为表6-2。

表6-2　广东省属农业类科研机构创新能力排名

科研机构	2012年	2013年	2014年	最大序差	变动趋势	综合排名
SD研究所	3	1	1	2	↑→	1
ZWBH研究所	6	3	4	3	↑↓	4
HJYY研究所	8	8	8	0	→→	8
GS研究所	2	4	3	2	↓↑	3
SC研究所	5	5	5	0	→→	5
LYKX研究院	4	7	6	2	↓↑	6
ZW研究所	7	6	7	1	↑↓	7
DWKE研究所	1	2	2	1	↓→	2

根据以上评价结果可以看出，2012年排名第一位的广东省农业科学院动物科学研究所在2013年下滑至第二位，之后稳定的保持在第二位；广东省农业科学院水稻研究所的数值一直在稳定在前三名，在2012年与2013年一直位于首位。这两个科研机构稳定的排名情况说明了其创新能力保持了较高的水平。总体

来讲，从2012年起排名前两位的科研机构尽管顺序有所变化，但是2014年来仍然保持在前两位，这说明以上两家农业类科研机构相比其他同类单位一直保持着较好的科研创新能力。

在2012年位于第四位的广东省林业科学研究院排名从2012年的第四位下滑到2013年的第七位，波动较大，在2014年后又稳步攀升至第六位；2012年位于第五位的广东省农业科学院蔬菜研究所，其创新能力排名至2014年一直较为稳定，始终排在第五位；第六位的广东省农业科学院植物保护研究所则有着很大的进步，2012年排在第六位，2014年上升至第四位。

广东省农业科学院作物研究所与广东省农业科学院环境园艺研究所在2012年至2014年期间始终处于倒数三位之内，其创新能力相对处于弱势。

为了进一步分析省属农业类科研机构创新能力变动原因，本研究对每个农业类科研机构各大指标的排名变动进一步分析研究（图6-2～图6-9）。

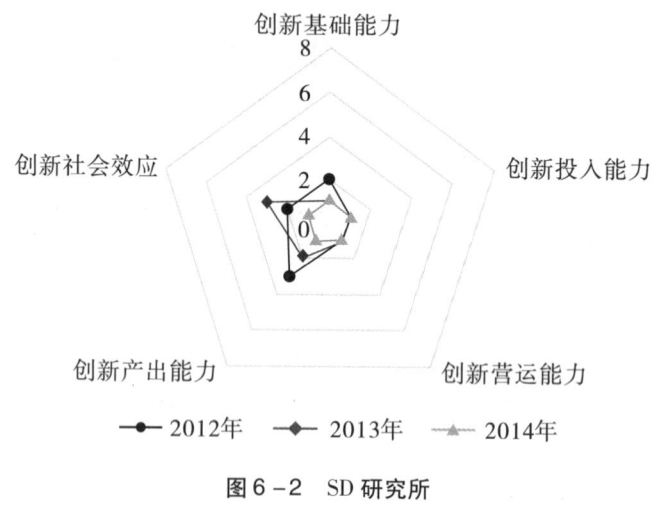

图6-2 SD研究所

从图6-2可以看出，广东省农业科学院水稻研究所在2012年至2014年期间，各个一级指标均位在前三，变化不大。尤其是在2014年五项一级指标均位列榜首，从而其综合创新能力排名第一。

第6章 广东省属科研机构创新能力动态评价及预测研究

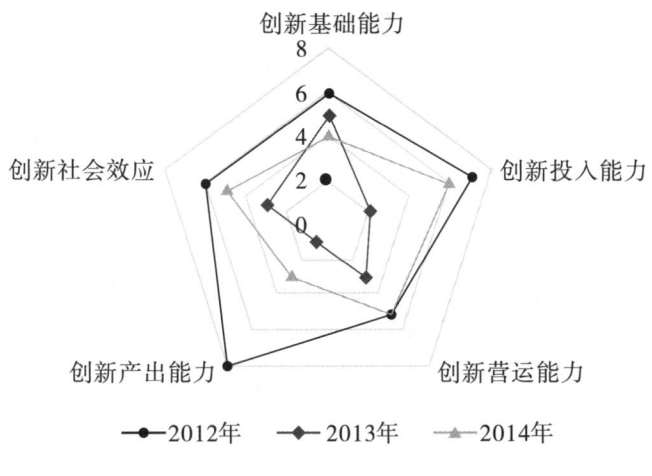

图6-3 ZWBH研究所

从图6-3可以看出,广东省农业科学院植物保护研究所的一级指标中创新投入能力、创新营运能力、创新产出能力与创新社会效应在2012年处于雷达图外层,2013年位于雷达图底层,而在2014年处于中间,而只有创新基础能力由外至内在不断提高。总体来看,其综合创新能力呈现波动的趋势。

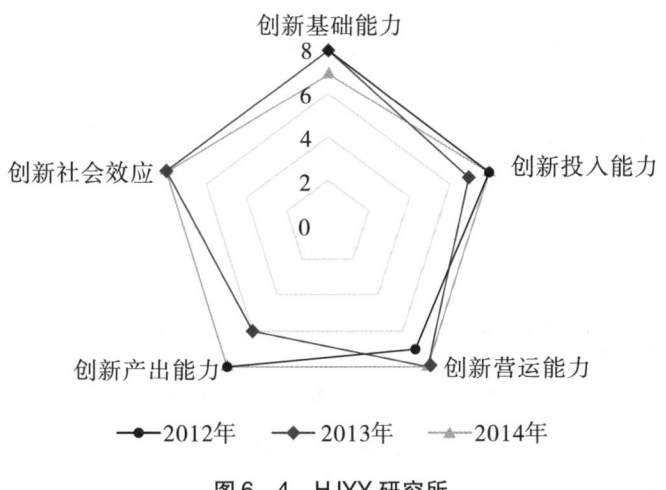

图6-4 HJYY研究所

从图6-4可以看出广东省农业科学院环境园艺研究所的一级指标中创新投入能力、创新营运能力、创新产出能力与创新社会效应在2012年至2014年基本均处于雷达图最外层。总体来看,其综合创新能力处于末位并呈现平稳发展的趋势。

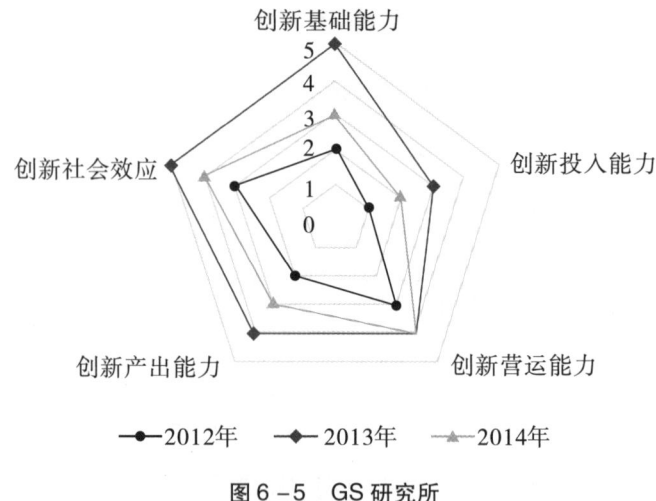

图6-5 GS研究所

从图6-5可以看出,广东省农业科学院果树研究所的一级指标在2012年处于底层,2013年位于雷达图外层,而在2014年处于中间层,充分说明其综合创新能力是呈现波动的趋势。

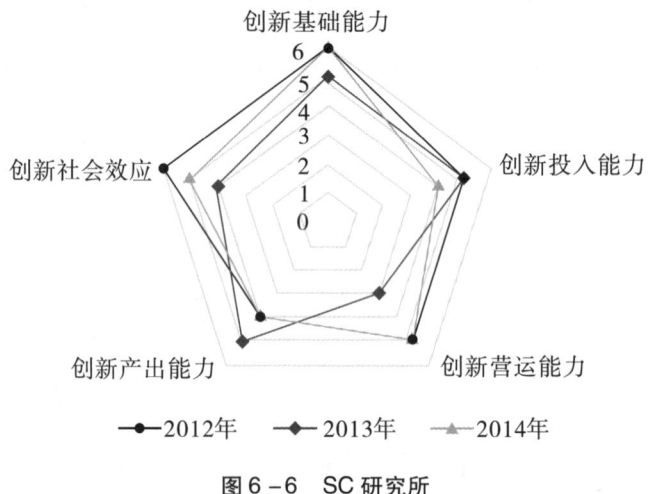

图6-6 SC研究所

从图6-6可以看出,广东省农业科学院蔬菜所的一级指标创新基础能力、创新社会效应与创新营运能力2012年处于雷达图外层,2013年位于雷达图内层,而在2014年处于中间层,说明这三项指标先增后减;创新投入能力与创新产出能力从2012年至2014年由外到内,呈现递增的趋势。因而其综合创新能力是呈现平稳波动的趋势。

第 6 章 广东省属科研机构创新能力动态评价及预测研究

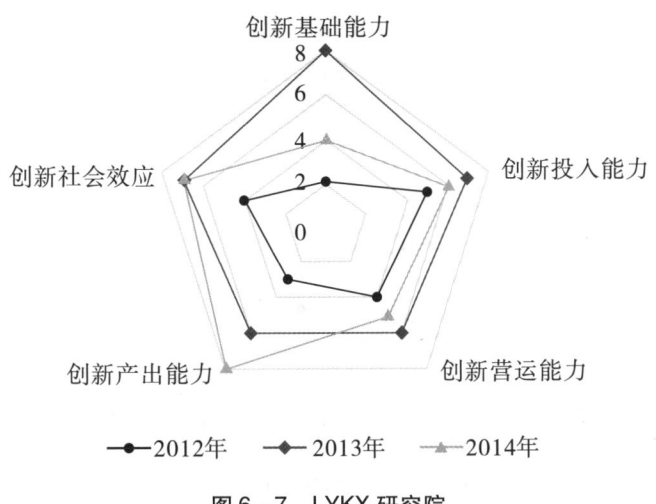

图 6-7 LYKX 研究院

从图 6-7 可以看出，广东省林业科学研究院的一级指标创新基础能力、创新投入能力、创新营运能力与创新社会效应 2012 年处于雷达图内层，2013 年位于雷达图外层，而在 2014 年处于中间层，说明这四项指标先减后增；创新产出能力从 2012 年至 2014 年雷达图由内到外，呈现递减的趋势。综合来看，其综合创新能力是呈现波动的趋势。

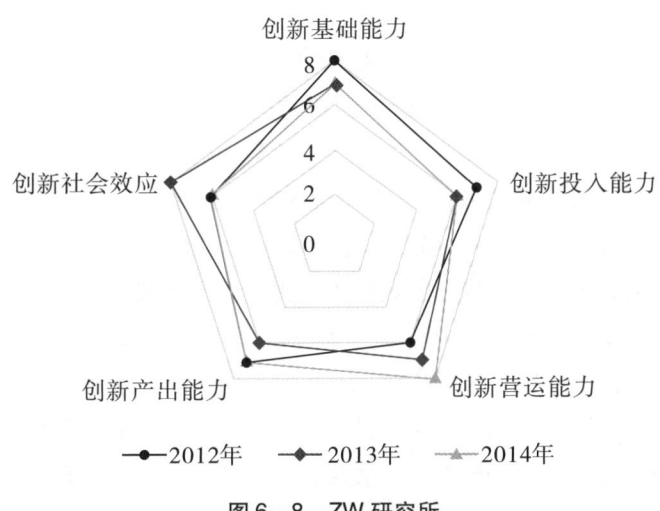

图 6-8 ZW 研究所

从图 6-8 可以看出，广东省农业科学院作物研究所的一级指标创新营运能力与创新产出能力的雷达图由内到外，递减趋势；创新基础能力、创新投入能力与创新社会效应的雷达图呈现由内到外的波动状态，有所增加；综合来看，其综合创新能力是呈现波动趋势。

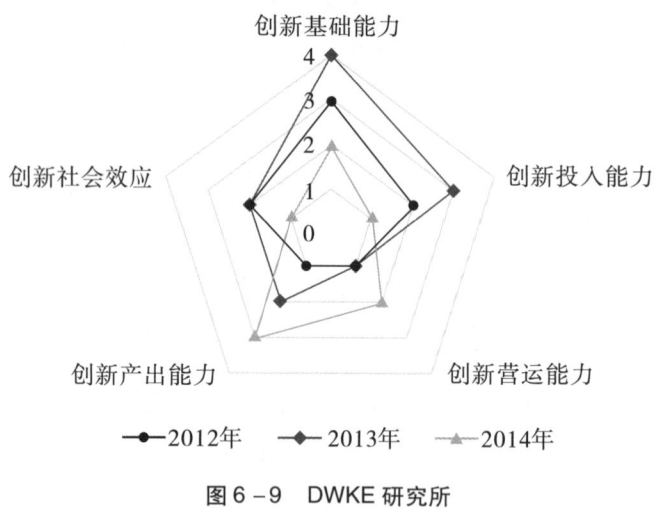

图 6-9 DWKE 研究所

从图 6-9 可以看出，广东省农业科学院动物科学研究所的一级指标创新基础能力、创新投入能力与创新社会效应 2012 年至 2014 年的雷达图由外到内，波动递增趋势；创新营运能力与创新产出能力在 2014 年雷达图均处于外围，因而出现减少的趋势。综合来看，其综合创新能力是呈现波动递减趋势（各指标有增有减相互抵消）。

综上所述，广东省农业科学院水稻研究所的综合创新能力从 2012 年的第三名跃至 2014 年的第一名，主要在于其创新基础能力、创新产出能力与创新社会效应的大幅度提升，而创新投入能力与创新营运能力始终处于前列，并未有较大改变。广东省农业科学院动物科学研究所的综合创新能力在 2012 年位于第一，然而从 2013 年起就下滑为第二名，这主要是因为其创新基础能力与创新营运能力有所下降，虽然该科研机构在创新投入能力上加大了投入力度，但是创新产出效果并不是很明显。广东省农业科学院果树研究所在 2012 年位于第二名，而后续名次上下波动，不稳定。该科研机构在各项一级指标创新能力也是呈现波动状态，在 2013 年有所下降，而 2014 年又有所上升。广东省农业科学院植物保护研究所的综合排名与 2014 年排名均为第四，相比于 2012 年的第六名有一定的提升。这主要是其创新基础能力与创新产出能力有较大幅度的提升，虽然在 2013 年一度曾跃至第三位，但是 2014 年的创新产出能力又有一定幅度的下降，因而综合创新能力位于第四。广东省农业科学院蔬菜所与广东省农业科学院环境园艺研究所的综合创新能力在这三年期间处于平稳状态，分别位于第五名与第八名，

第6章 广东省属科研机构创新能力动态评价及预测研究

其各项一级创新能力指标也并未有较大的变化。广东省林业科学研究院的创新能力在 2012 年至 2014 年三年间处于波动下降的趋势，在 2013 年下滑较大主要是其创新投入能力与创新产出及创新社会效用均下滑较大，虽然在 2014 年有小幅的回升，但对名次的影响并不大。广东省农业科学院作物研究所的综合创新能力位于倒数第二，主要在创新基础能力、创新营运能力以及创新产出能力不足，其各项以及创新能力指标变动并不是很大。

6.2 工业科研机构创新能力动态评价分析

为方便管理，本研究将以下工业类科研机构进行编码命名，表 6-3。

表 6-3 工业类科研机构及代码

机构名称	代码
广州有色金属研究院	YSJS 研究院
广东省食品工业研究所	SPGY 研究所
广东省石油化工研究院	SYHG 研究院
广东省钢铁研究所	GT 研究所
广东省陶瓷研究所	TC 研究所

采用第 4 章 4.4 节的 LFPP-FAHP 动态评价方法对广东省属工业类科研机构创新能力评价，得到图 6-10 所示结果。

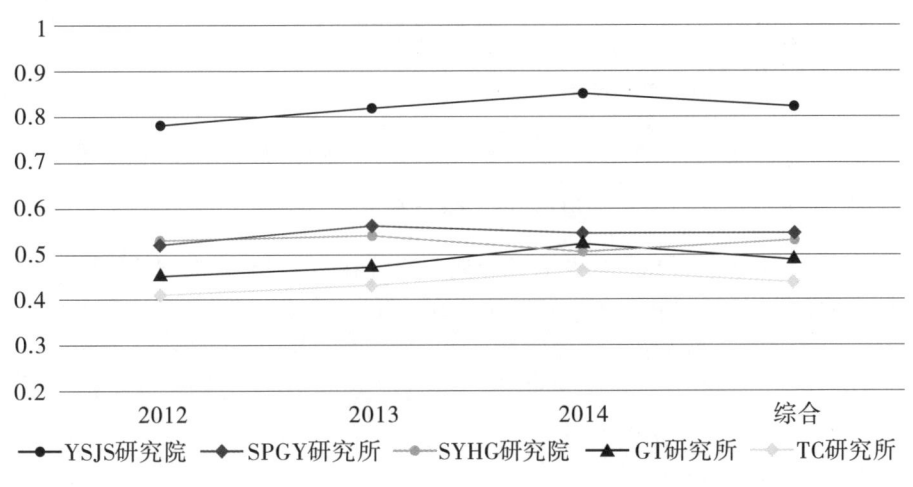

图 6-10 工业类科研机构创新能力动态评价结果

为了进一步分析广东省属工业类科研机构创新能力变化趋势,将排名以及变化情况总结归类为表6-4。

表6-4 广东省属工业类科研机构创新能力排名

科研机构	2012年	2013年	2014年	最大序差	变动趋势	综合排名
YSJS研究院	1	1	1	0	→→	1
SPGY研究所	3	2	2	1	↑→	2
SYHG研究院	2	3	4	2	↓↓	3
GT研究所	4	4	3	1	→↑	4
TC研究所	5	5	5	0	→→	5

为了进一步分析省属工业类科研机构创新能力变动原因,本研究对每个工业类科研机构各大指标的排名变动进一步分析研究(图6-11～图6-15)。

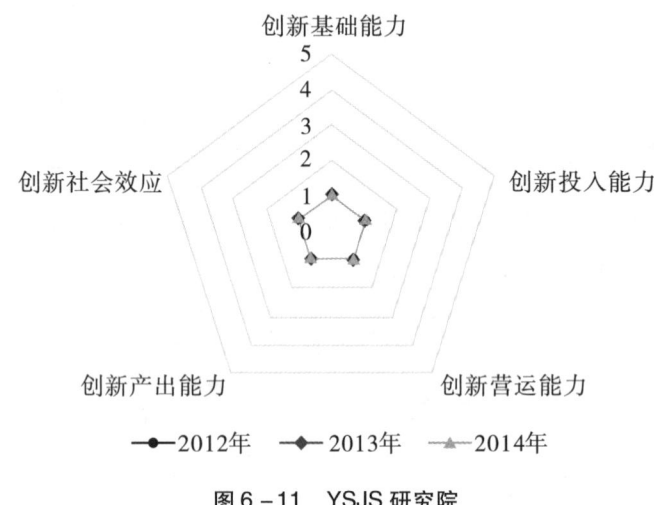

图6-11 YSJS研究院

从图6-11可以看出,广州有色金属研究院在2012年至2014年间,各个一级指标均位列第一,从而其综合创新能力排名第一。

第6章 广东省属科研机构创新能力动态评价及预测研究

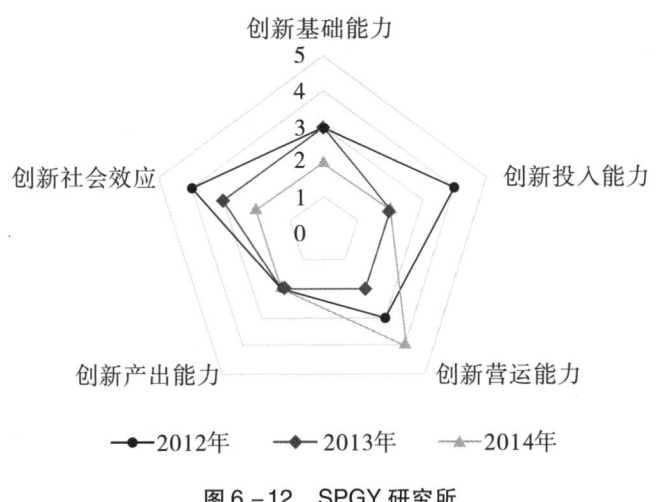

图6-12 SPGY 研究所

从图6-12可以看出，广东省食品工业研究所的一级指标中创新基础能力、创新投入能力、创新社会能力在2012年处于雷达图外层，2013—2014年深入内部，各项指标处于递增状态，而创新营运能力在2014年走向了雷达图的外廓，降低。因而，综合创新能力处于第二。

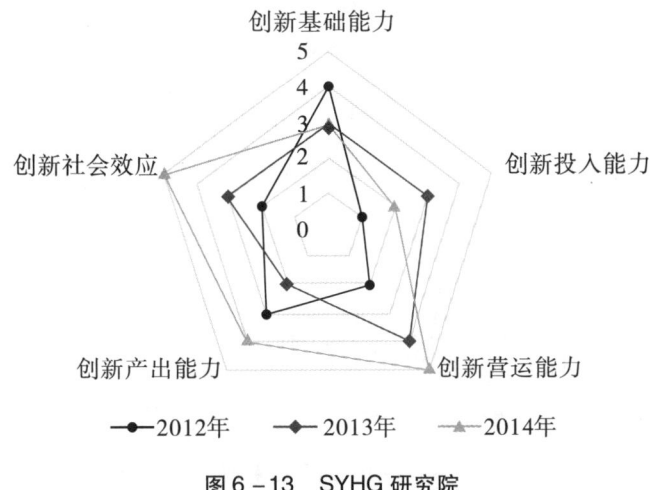

图6-13 SYHG 研究院

从图6-13可以看出，广东省石油化工研究院在2012年至2014年三年间创新营运能力与创新社会效应的名次逐年降低，创新基础能力的名次有一定的提升，创新投入能力与创新产出能力也波动降低，总体来看其综合创新能力是处于下滑的趋势。

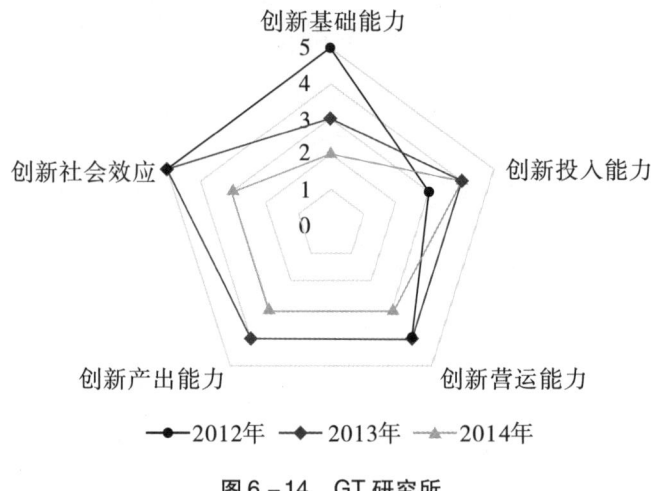

图 6-14　GT 研究所

从图 6-14 可以看出，广东省钢铁研究所在 2012 年至 2014 年间创新社会效应、创新产出能力与创新营运能力都有一定的提升，而在创新投入能力方面明显有些不足，虽然总体创新能力在一定程度上有一定提升，但是综合创新能力与第三名广东省石油化工研究院还是有一定的差距。

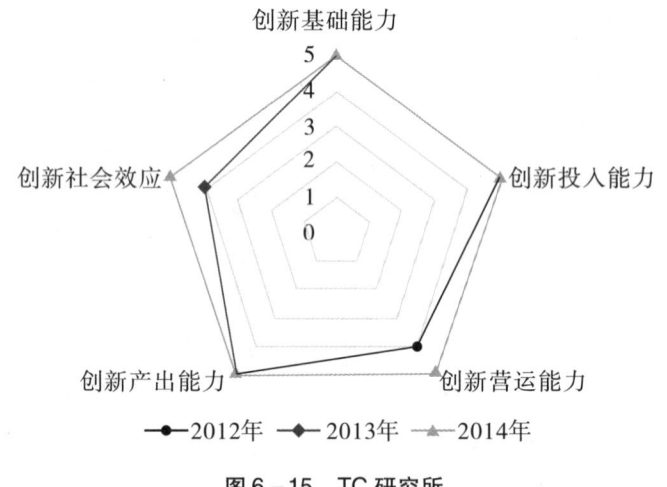

图 6-15　TC 研究所

从图 6-15 可以看出，广东省陶瓷研究所在 2012 年至 2014 年的五项一级指标创新能力在名次上并未有较大的变化，均处于末位，因而其综合创新能力也处于最后一名。

综上所述，广州有色金属研究院的综合创新能力一直排名第一是由于其各项一级创新能力指标均位列榜首；广东省食品工业研究所的综合创新能力由 2012

第6章 广东省属科研机构创新能力动态评价及预测研究

年的第三名,增长到2013的第二名,除了在创新营运能力方面有一定的下滑,其他四项一级创新能力指标均有所提升,但依旧与第一名的广州有色金属研究院有着较大的差距,因而综合创新能力位于第二名。广东省石油化工研究院的名次从2012年以来年年下滑,主要是其创新基础能力、创新营运能力、创新产出效应与创新社会效应均处于下滑趋势,但其各项一级指标依旧在其自身基础实力上具有一定的优势,因而排名第三。广东省钢铁研究所与广东省陶瓷研究所的综合创新能力分别位于第四名和第五名,虽然广东省钢铁研究所在一定程度上创新基础能力有一定提升,但就综合创新能力而言并未有较大的变化。

6.3 技术开发科研机构创新能力动态评价分析

本研究通过对广东省科技情报所及相应的科研机构调研,并从《广东省科学技术机构统计调查数据汇编》及广东省科技统计网站(http://www.sts.gd.cn/)收集到2010—2014年共五年的相关数据。截至2014年底,广东省级部门属科研机构共有53家,其中技术开发类有25家,占比约47.17%。限于篇幅且部分研究机构的数据有缺失,本报告仅罗列其中10家有代表性的技术开发类科研机构进行详细评价(表6-5)。

表6-5 本研究评价的广东省属技术开发类科研机构

机构名称	代码
广州有色金属研究院	YSJS 研究院
广东省建筑科学研究所	JZKX 研究所
广东省家禽科学研究所	JQKX 研究所
广东省化学纤维研究所	HXXW 研究所
广东省微生物研究所	WSW 研究所
广东省电子技术研究所	DZJS 研究所
广东省航运科学研究所	HYKX 研究所
广东省食品工业研究所	SPGY 研究所
广东省建筑材料研究院	JZCL 研究院
广东省半导体材料研究所	BDTCL 研究所

运用第4章4.4节提出的LFPP-FAHP创新能力评价方法计算得到评价结果如图6-16所示。

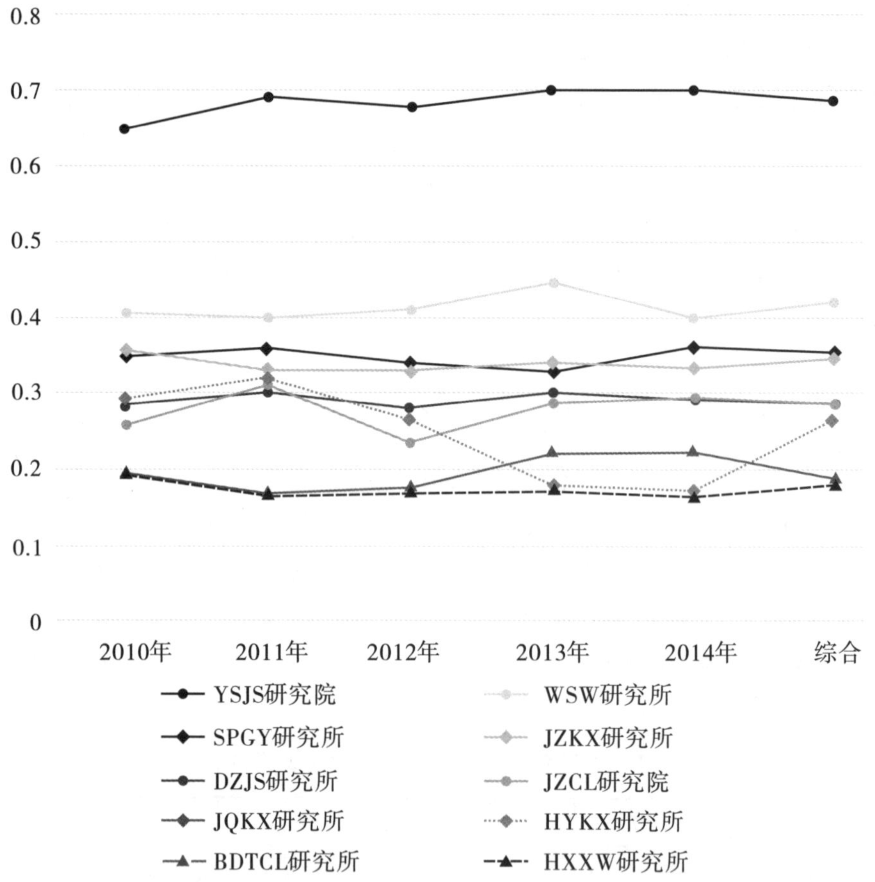

图6-16 广东省属技术开发类科研机构创新能力评价结果

将上图评价结果进行整理分析，可以得到表6-6的创新能力排名趋势与结果。

表6-6 广东省属技术开发类科研机构创新能力排名

科研机构	年 份					排名变动趋势	综合排名
	2010	2011	2012	2013	2014		
YSJS 研究院	1	1	1	1	1	→→→→	1
WSW 研究所	2	2	2	2	2	→→→→	2
SPGY 研究所	4	3	3	4	3	↑→↓↑	3
JZKX 研究所	3	4	4	3	4	↓→↑↓	4

续表 6-6

科研机构	年份					排名变动趋势	综合排名
	2010	2011	2012	2013	2014		
DZJS 研究所	7	7	5	5	5	→↑→→	5
JZCL 研究院	8	6	8	6	6	↑↓↑→	6
JQKX 研究所	6	8	7	7	7	↓↑→→	7
HYKX 研究所	5	5	6	9	9	→↓↓→	8
BDTCL 研究所	10	9	9	8	8	↑→↑→	9
HXXW 研究所	9	10	10	10	10	↓→→→	10

为进一步分析各科研机构综合创新能力强弱，可按照最终评价值聚类将其分为 4 个层次，具体分层标准与结果表 6-7 所示。

表 6-7 广东省技术开发类科研机构创新能力分析

层次	创新能力	机构
A（$S_i > 0.6$）	强	YSJS 研究院
B（$0.6 \geq S_i > 0.3$）	较强	WSW 研究所、SPGY 研究所、JZKX 研究所
C（$0.3 \geq S_i > 0.2$）	中等	DZJS 研究所、JZCL 研究院、JQKX 研究所、HYKX 研究所
D（$0.2 \geq S_i > 0$）	弱	BDTCL 研究所、HXXW 研究所

10 家技术开发类科研按照动态综合创新能力评价结果从高到低排序，依次为广州有色金属研究院、广东省微生物研究所、广东省食品工业研究所、广东省建筑科学研究所、广东省电子技术研究所、广东省建筑材料研究院、广东省家禽科学研究所、广东省航运科学研究所、广东省半导体材料研究所、广东省化学纤维研究所。

从评价的结果可以看到，广州有色金属研究院的创新能力综合评价值遥遥领先，远远高于其他机构，位于创新能力强的 A 层次。这个研究院几乎在所有指标得分上表现优异。

广东省微生物研究所、广东省食品工业研究所与广东省建筑科学研究所作为 B 层次的队伍，其科研机构创新能力虽与 A 层有一定差距，但总体表现良好。比如，在人才培养方面，省建筑材料研究院职工逾千人，拥有众多专业技术人才，包括享受国务院津贴专家、教授级高工、在站博士后、硕博士。设施基础方面，该院下设 10 个专业研究所、中心及分院和 7 个企业单位。依托其设立的科研机构包括：广东省亚热带建筑技术公共实验室、广东省建筑工程新技术研究重点实验室等众多企业博士后科研工作站，挂靠其的协（学）会包括广东省建设科技与标准化协会、全国建筑物鉴定与加固标准技术委员会广东分会等专业委员会。B 层次的科研机构大多在某几项指标排名相对靠前，但较 A 层次创新能力的全面性不足，导致综合得分处于第二档位。

位于 C 层次的广东省电子技术研究所、广东省建筑材料研究院、广东省家禽科学研究所与广东省航运科学研究所的创新能力处于中等水平。广东省航运科学研究所在海运交通领域具有较大的优势，拉高了其个别指标的得分。总体而言，C 层次的科研机构创新能力在珠三角地区相对较弱，科技资源有一定的局限性，存在个别指标表现突出而总体得分中等的情况，因而综合实力"比上不足，比下有余"。

位于 D 层次的分别广东省半导体材料研究所、广东省化学纤维研究所，创新能力整体较低。这主要是因为科技资源相比于其他科研机构较为匮乏，投入不足以及人才队伍不够强，缺乏自主创新的载体与实力，综合创新能力位于弱势。

6.4 广东省属科研机构创新能力预测研究

鉴于预测评价是建立在动态评价基础之上的，这里我们采用第 3 章第 3.5 节的预测方法。现以 2012 年至 2014 年评价数据作为原始数据，计算 2015 年广东省属部分农业类科研机构与工业类科研机构的预测评价结果，并与综合动态评价结果相比较，结果如表 6-6 和 6-7 所示。

表 6-6　广东省农业类科研机构创新能力预测结果

科研机构	趋势	动态评价	预测评价	排名
SD 研究所	↑→	0.6035	0.6134	1
DWKE 研究所	↓→	0.6010	0.5998	2
GS 研究所	↓↑	0.5869	0.5873	3
ZWBH 研究所	↑↓	0.5792	0.5711	4
SC 研究所	→→	0.5704	0.5826	5
ZW 研究所	↑↓	0.5465	0.5634	6
LYKX 研究院	↓↑	0.5499	0.5521	7
HJYY 研究所	→→	0.5025	0.5103	8

第6章 广东省属科研机构创新能力动态评价及预测研究

经过表6-6预测结果可知,未来大部分广东省农业类科研机构创新能力都有所提升,但提升速度及趋势不太一致。广东省农业科学院植物保护研究所会有少许下降。从发展趋势来说,排名靠前的水稻研究所发展速度更快,发展的幅度也更大,科研机构创新能力的差距有进一步加大的趋势。另外,预测评价结果与动态评价结果基本一致。

表6-7 广东省5所工业类科研机构创新能力预测结果

科研机构	趋势	动态评价	预测	排名
YSJS 研究院	→→	0.7205	0.7432	1
SPGY 研究所	↑→	0.4410	0.4323	2
SYHG 研究院	↓↓	0.4255	0.4190	3
GT 研究所	→↑	0.3839	0.3991	4
TC 研究所	→→	0.3361	0.3532	5

经过表6-7预测结果可知,未来广州有色金属研究院、广东省食品工业研究所、广东省钢铁研究所与广东省陶瓷研究所的综合创新能力都会有相应幅度的提升,而广东省石油化工研究院的综合创新能力会有少许下降,但由于这5所科研机构创新能力的差距较大,因而未来创新能力的变动对名次的影响并不大,与动态评价结果几乎一致。

第 7 章　广东省区域科研机构创新能力动态评价研究

为了掌握广东省地方各区域科研机构创新能力的动态变化情况，准确掌握发展情况和变化趋势，本章针对广东省 21 个地区科研机构创新能力进行了动态评价研究，分析了发展现状和存在问题，提出了进一步提升创新能力的建议。

7.1　数据来源及处理

为了对广东省 21 个地区科研机构创新能力进行客观评价，本文对广东省科技情报研究所进行了数据调研，并从《广东科技年鉴》（2009—2014 卷）、《广东省科学技术机构统计调查数据汇编》及广东省科技统计网站（http://www.sts.gd.cn/）收集到 2009—2013 年共五年的相关数据。

考虑到某些地区科研机构数量基数过大，评价值过高，会造成其他地区无法明显区分的情况，本文首先采取平均方式对数据进行处理。

$$x'_{ij}(t_p) = \frac{x_{ij}(t_p)}{n_i(t_p)} \tag{7-1}$$

在式（7-1）中，$n_i(t_p)(i=1,2,\cdots,21)$ 表示地区 i 在 t_p 时刻的科研机构数，$x'_{ij}(t_p)$ 表示在 t_p 时刻，地区 i 第 j 个指标的平均值。为便于后续工作处理，运用极差变换法对数据进行去量纲化处理，得式（7-2）。

$$\begin{cases} x_{ij}^*(t_p) = \dfrac{x'_{ij}(t_p) - \min\limits_{1\leq i\leq m} x'_{ij}(t_p)}{\max\limits_{1\leq i\leq m} x'_{ij}(t_p) - \min\limits_{1\leq i\leq m} x'_{ij}(t_p)}, & x'_{ij}(t_p) \text{ 为效益型指标} \\ x_{ij}^*(t_p) = \dfrac{\max\limits_{1\leq i\leq m} x'_{ij}(t_p) - x'_{ij}(t_p)}{\max\limits_{1\leq i\leq m} x'_{ij}(t_p) - \min\limits_{1\leq i\leq m} x'_{ij}(t_p)}, & x'_{ij}(t_p) \text{ 为成本型指标} \end{cases} \tag{7-2}$$

7.2　科研机构创新能力评价指标及其权重的确定

在第 3 章 3.1 节建立好的综合评价指标体系基础上，为确定各评价指标的权重，本文通过调研访谈的方式咨询了广东省科技咨询专家库以及高校中的 10 名资深专家，并综合了各位专家的意见得到了各层级指标的判断矩阵。由于创新营运能力偏向于定性指标，无法获取相应全部数据，因而此处评价暂忽略定性指标。限于篇幅，这里只列出一级指标创新基础能力（ω_1）、创新投入能力（ω_2）、创新产出能力（ω_3）和创新社会效应（ω_4）以及底层（三级）指标：国家省级重点实验室数（包含研究室）、科研仪器设备金额与科研房屋建筑金额权重的计算过程，其他指标的求解方法类同。综合专家意见后给出的一级指标模糊判断矩阵：

$$\begin{bmatrix} (1,1,1) & (\frac{1}{2},1,\frac{3}{2}) & (\frac{1}{2},\frac{2}{3},1) & (\frac{2}{3},1,2) \\ (\frac{2}{3},1,2) & (1,1,1) & (\frac{2}{5},\frac{1}{2},\frac{2}{3}) & (\frac{1}{2},\frac{2}{3},1) \\ (1,\frac{3}{2},2) & (\frac{3}{2},2,\frac{5}{2}) & (1,1,1) & (\frac{1}{2},1,\frac{3}{2}) \\ (\frac{1}{2},1,\frac{3}{2}) & (1,\frac{3}{2},2) & (\frac{2}{3},1,2) & (1,1,1) \end{bmatrix}$$

根据一级指标模糊判断矩阵，代入 4.4 节中的式（4-12），建立以下目标规划模型：

$$\min\varphi = (1-\lambda)^2 + 10^{11}\sum_{i=1}^{3}\sum_{j=i+1}^{4}(\sigma_{ij}^2 + \varepsilon_{ij}^2)$$

$$\begin{cases} \ln\omega_1 - \ln\omega_2 - \lambda\ln(2) + \sigma_{12} \geqslant \ln(\frac{1}{2}), \\ -\ln\omega_1 + \ln\omega_2 - \lambda\ln(\frac{3}{2}) + \varepsilon_{12} \geqslant -\ln(\frac{3}{2}), \\ \ln\omega_1 - \ln\omega_3 - \lambda\ln(3) + \sigma_{13} \geqslant \ln(\frac{1}{2}), \\ -\ln\omega_1 + \ln\omega_3 - \lambda\ln(\frac{3}{2}) + \varepsilon_{13} \geqslant -\ln(1), \\ \ln\omega_1 - \ln\omega_4 - \lambda\ln(\frac{3}{2}) + \sigma_{14} \geqslant \ln(\frac{3}{2}), \\ -\ln\omega_1 + \ln\omega_4 - \lambda\ln(2) + \varepsilon_{14} \geqslant -\ln(2), \\ \ln\omega_2 - \ln\omega_3 - \lambda\ln(\frac{5}{4}) + \sigma_{23} \geqslant \ln(\frac{2}{5}), \\ -\ln\omega_2 + \ln\omega_3 - \lambda\ln(\frac{4}{3}) + \varepsilon_{23} \geqslant -\ln(\frac{3}{2}), \\ \ln\omega_2 - \ln\omega_4 - \lambda\ln(3) + \sigma_{24} \geqslant \ln(\frac{1}{2}), \\ -\ln\omega_2 + \ln\omega_4 - \lambda\ln(\frac{3}{2}) + \varepsilon_{24} \geqslant -\ln(1), \\ \ln\omega_3 - \ln\omega_4 - \lambda\ln(2) + \sigma_{34} \geqslant \ln(\frac{1}{2}), \\ -\ln\omega_3 + \ln\omega_4 - \lambda\ln(\frac{3}{2}) + \varepsilon_{34} \geqslant -\ln(\frac{3}{2}), \\ \lambda \geqslant 0, \ln\omega_i \geqslant 0, i = 1,2,3,4, \\ \delta_{ij} \geqslant 0, \varepsilon_{ij} \geqslant 0, i = 1,2,3; j = 2,3,4 \end{cases}$$

求解以上模型可以得到

$$\lambda = 0.376\,0,\ \Delta = \sum_{i=1}^{3}\sum_{j=i+1}^{4}(\sigma_{ij}^{2} + \varepsilon_{ij}^{2}) \approx 0.000\,0,\ \omega_1 = 1.738,\ \omega_2 = 1.762,$$
$\omega_3 = 2.659,\ \omega_4 = 2.174$

为得到最终标准化权重值，由式（4-13）求解得到

$$\omega'_1 = \frac{\omega_1}{\sum_{i=1}^{4}\omega_i} = 0.208\,6$$

$$\omega'_2 = \frac{\omega_2}{\sum_{i=1}^{4}\omega_i} = 0.211\,4$$

$$\omega'_3 = \frac{\omega_3}{\sum_{i=1}^{4}\omega_i} = 0.319\,1$$

$$\omega'_4 = \frac{\omega_4}{\sum_{i=1}^{4}\omega_i} = 0.260\,9$$

则一级指标的权重可表示为

$$[\omega'_1(1), \omega'_2(1), \omega'_3(1), \omega'_4(1)] = [0.2086, 0.211\,4, 0.319\,1, 0.260\,9]$$

由于上述权重为单层级的权重，下面根据式（4-14）归一化为全局（相对于总体）权重

$$\omega_1^* = \omega'_1(1) \cdot \omega'_1(2) \cdot \omega'_1(3) = 0.061\,1$$
$$\omega_2^* = \omega'_1(1) \cdot \omega'_1(2) \cdot \omega'_2(3) = 0.036\,1$$
$$\omega_3^* = \omega'_1(1) \cdot \omega'_1(2) \cdot \omega'_3(3) = 0.011\,4$$

最终，按照上述求解方式可以求得所有底层（三级）指标的全局权重如表7-1所示。

表7-1 三级指标权重

评价指标	权重/%
国家、省级重点实验室数（包含研究室）	6.11
科研仪器设备金额	3.61
科研房屋建筑金额	1.14
本科学历人数	2.75
硕士学历人数	3.37
博士学历人数	3.82

续表 7-1

评价指标	权重/%
中高级职称人数	3.25
R&D 人员折合工作量投入	3.87
员工激励程度、满意度、工作氛围等（定性）	-
领导者表率、信息沟通与创新试验环境等（定性）	-
一般科技论文数	3.25
高水平论文数	4.75
科技专著数	5.06
专利申请数	2.07
专利授权数	3.64
国家级奖励数	4.17
技术人员折合工作量投入	4.33
其他辅助人员折合工作量投入	1.47
R&D 经费投入	5.98
生产经营投入	3.81
R&D 课题数	4.42
其他课题数	2.05
创新精神、创新价值观等意识形态相适应的企业制度、规章、条例、组织结构等水平（定性）	-
省部级奖励数	3.30
其他奖励数	2.75
科技成果推广应用人次	5.40
专利转让及许可收入	3.00
非专利营业收入	3.25
当年培养硕士学历人数	4.45
当年培养中高级职称人数	4.93

7.3 广东省各地区科研机构创新能力评价分析

运用第4章4.4节中 LFPP – FAHP 创新能力评价方法的式（4 – 15）和式（4 – 16）计算得到图 7 – 1 所示的评价结果。

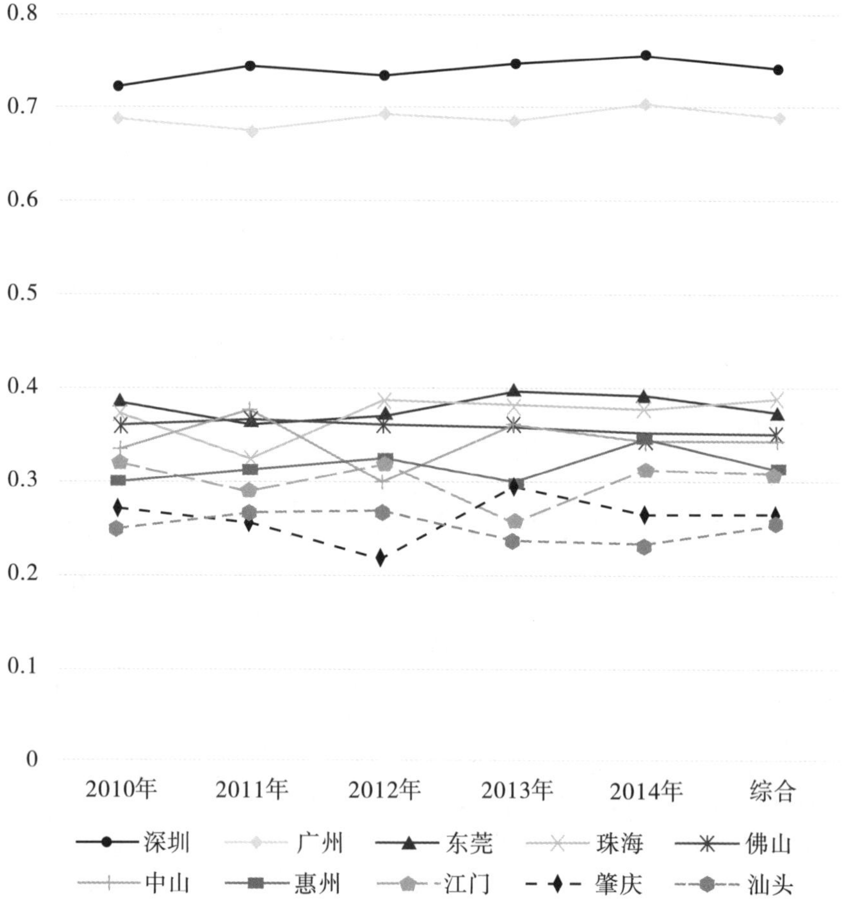

(a)

第7章　广东省区域科研机构创新能力动态评价研究

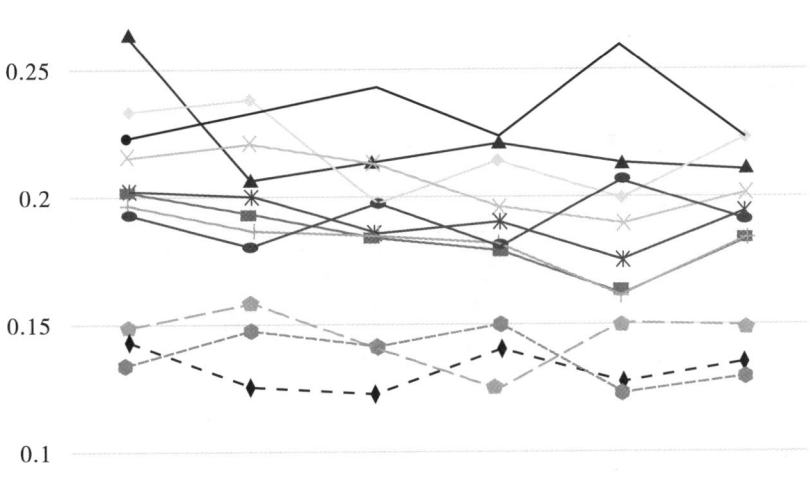

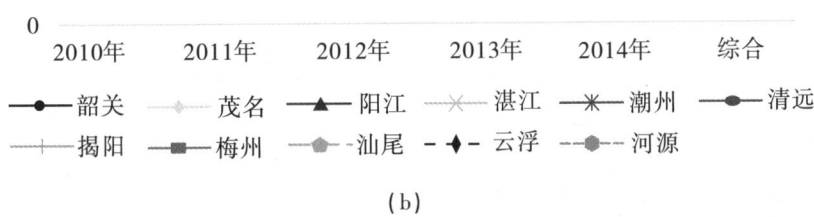

(b)

图7-1　广东省各地区科研机构创新能力评价结果

将图7-1评价结果进行整理分析，可以得到创新能力排名趋势与结果（表7-2）。

表7-2　广东省区域科研机构创新能力排名

区域	年份					排名变动趋势	综合排名
	2010	2011	2012	2013	2014		
深圳	1	1	1	1	1	→→→→	1
广州	2	2	2	2	2	→→→→	2
东莞	3	5	4	3	3	↓↑↑→	3

续表 7-2

区域	年份 2010	2011	2012	2013	2014	排名变动趋势	综合排名
珠海	4	6	3	4	4	↓↑↓→	4
佛山	5	4	5	6	5	↑↓↓↑	5
中山	6	3	7	5	6	↑↓↑↓	6
惠州	8	7	6	7	7	↑↑↓→	7
江门	7	8	8	9	8	↓→↓↑	8
肇庆	9	10	11	8	9	↓↓↑↓	9
汕头	11	9	9	10	11	↑→↓↓	10
韶关	13	12	10	11	10	↑↑↓↑	11
茂名	12	11	14	12	13	↑↓↑↓	12
阳江	10	14	12	13	12	↓↑↓↑	13
湛江	14	13	13	14	14	↑→↓→	14
潮州	16	15	16	15	16	↑↓↑↓	15
清远	18	18	15	17	15	→↑↓↑	16
揭阳	17	17	17	16	18	→→↑↓	17
梅州	15	16	18	18	17	↓↓→↑	18
汕尾	19	21	19	21	19	↓↑↓↑	19
云浮	20	19	21	20	20	↑↓↑→	20
河源	21	20	20	19	21	↑→↑↓	21

为进一步分析各科研机构综合创新能力强弱,可按照最终评价值聚类将其分为4个层次,具体分层标准与结果如表7-3所示。

表7-3 广东省各地区科研机构创新能力分析

层次	创新能力	地区
A ($S_i > 0.6$)	强	深圳、广州
B ($0.6 \geq S_i > 0.3$)	较强	东莞、珠海、佛山、中山、惠州
C ($0.3 \geq S_i > 0.2$)	中等	江门、肇庆、汕头、韶关、茂名、阳江、湛江
D ($0.2 \geq S_i > 0$)	弱	潮州、清远、揭阳、梅州、汕尾、云浮、河源

第 7 章　广东省区域科研机构创新能力动态评价研究

从评价的结果可以看到，深圳与广州的科研机构平均创新能力综合评价值遥遥领先，远远高于其他地区，位于创新能力超强的 A 层次。其中广州作为省会城市，在基础发展方面有一定优势，其科研机构规模数量均大于深圳，但就平均创新水平而言，创新能力又低于深圳。这是由于深圳建立了以研发为核心的创新体系，大力实施创新驱动发展战略，并集聚大量高质量研究人才，大大提升了科研机构的创新效率。该类地区代表广东省科研机构创新能力的最高水平，具有鲜明的旗帜作用。

珠海、东莞、佛山、中山和惠州，作为 B 层次的队伍，其科研机构创新能力虽与 A 层有一定差距，但也高于剩余的其他地区。东莞自身创新基础较好，再加上长久以来高度重视科研机构的科技创新，科研创新能力突出，还取得了"国家知识产权示范城市"的头号，排在 B 层次首位。近年来，珠海市的科研机构在高技术方面发展迅猛，而且连续被评为"全国科技进步先进市"，综合创新能力排名也相对靠前。位于珠三角西部的佛山、中山的科研机构凭借其传统的科技基础条件和技术科研积淀，再加上近年来其自主创新能力不断提升，仍然拥有较强的创新能力。另外，惠州作为深莞惠经济圈的成员，在深圳的带动下，形成了科技成果产业链，也取得了较大的创新成果。

C 层次的江门、肇庆、汕头、韶关、茂名、阳江及湛江 7 个地市科研机构的创新能力处于中等水平。江门、肇庆相比于其他珠三角城市的科研机构创新能力相对靠后，但仍处于中等水平前列。江门的科研机构在工业方面有一定的优势，而肇庆主要是依靠其软实力的科研机构（如文化、环境、旅游等）。而处于 C 层的剩余 5 个地市的经济发展水平相对珠三角地区较弱，科技资源有一定的局限性，因而该类地区的科研机构创新能力相对靠后，处于一种"比上不足、比下有余"的状态。

位于 D 层次的有潮州、清远、揭阳、梅州、汕尾、云浮与河源 7 个地市。这主要是因为这些地区的科研机构地理位置处于劣势，均处于珠三角核心圈外围，科技资源尤为匮乏。虽然政府在一定程度上进行了扶持，如加大对科研机构的资金投入力度、改善科技对策环境等，但是由于其经济发展较差、总体科研基础设施较差、人才流失严重，缺乏自主创新的载体与实力，因而综合创新能力很弱。

7.4　结论及建议

（1）依据科研机构的基本特征与实际情况建立了科研机构创新能力评价指

标体系，拓展了创新社会效应方面的有关指标，可以更加全面地反映科研机构的创新能力的综合状况，具有较高的实用性。

（2）结合 LFPP – FAHP 与多时段加权评价法对广东省各地区科研机构创新能力进行了应用评价研究。其中 LFPP – FAHP 法的优势在于，改进了传统方法求解模糊判断矩阵的缺陷，使得求解权重结果更为精确合理；采用多时段加权创新能力评价值可以反映一段时间综合创新能力，这使得评价结果更为全面有效。

（3）根据评价结果及分析可以得到广东省各地区科研机构的创新能力存在较大差异且分布不均匀的结论。基于上述结论给出以下建议：

首先，建立"先强带后强"的发展方式。不同层次的科研机构之间可以通过合作的方式，实现资源共享、技术互补。如位于 A 层次或 B 层次的科研机构可加大与其他地区的科研机构协同合作发展创新型项目课题，多边定期相互派人指导、学习。

其次，创建科研机构与高校、企业联合创新的模式。各地区科研机构要继续加大科技创新的投入，并积极与高校、企业共建研发中心与技术联盟，共同合作攻关重大科技问题，积极引进消化吸收先进知识技术进行再创新等，使科技成果能够更快地落地转化，用之于社会，提升现实生产力。

最后，加大政府对策扶持与积极引导的力度。采用适宜的税收、财政资助的优惠政策对承担着关键领域科研项目而处于弱势地区的科研机构一定的扶持。此外，还可以积极引导部分互补性较强或实力较弱的科研机构进行资产重组、合并，突出优势，提高综合创新能力。

第8章 广东省属科研机构创新能力评价管理系统

为了广东省有关部门能够及时掌握省属科研机构创新能力的情况，提高管理决策水平和效率，本项目开发了广东省属科研机构创新能力知识评价信息系统。在信息系统分析角色方面，首次系统地分别从政府、企业和公众的角度科学评价各应用领域广东省属科研机构创新能力，相应的知识管理系统至少设置三类不同权限的用户角色。在系统功能模块创新方面，在创新能力测度指标分析的基础上，开发的系统主要功能模块有基础实力创新管理、决策管理能力管理、创新投入能力管理、创新活动能力管理、成果产出能力管理、成果转化扩散能力管理等，实现了广东省属科研机构创新能力系统评价的动态智能化，包括动态分析、创新评价方法结果对比分析、用户创新能力评价交流、创新能力动态排名、自动生成创新能力提升建议与报告等模块。

8.1 管理系统开发的目的及意义

计算机网络技术是当代发展最为迅猛的科学技术，其应用几乎已深入人类社会和生活的一切领域，极大地提高了社会生产力，引起了经济结构、社会结构和生活方式的深刻变化和变革，是最为活跃的生产力之一。利用计算机网络技术实现企事业单位管理的信息化，提高管理效率和决策水平已成为共识。作为负责对整个省属科研机构创新能力评价的广东省科技厅，面对繁重的科研机构管理及评价工作，通过科研机构创新能力评价管理信息系统，实现对广东省属科研机构的有效管理已是势在必行。

科研机构创新能力管理是政府科技管理部门管理的核心部分之一，主要包括创新人才团队、研究实验能力、科技公共服务能力、产业技术开发能力、创新服务能力建设等多项科技统计、科研评估，并提出发展思路与对策等方面的职能。目前市场上虽然已有一些关于科研方面的管理系统，且农业方面的科研管理系统相对较多，如郑业鲁等（2005）[83]开发出的农业科研项目管理系统，该系统在项目管理数据库的支持下，使项目主管部门与项目承担单位之间通过网络进行连接，建立动态的项目计划、成果、人才、条件管理的网络体系。但是该系统仅限于农业科研机构方面的管理，且只是对农业项目的科技计划、科技成果进行管理，没有针对创新能力方面进行管理。同样，王梦娇等（2016）[84]开发的农业科研机构科研管理信息系统，其功能虽较多，包括科研项目、科研成果、科研论著、科研人才、学术交流等方面的信息化管理，但是依然没有对科研机构创新能力的评价与管理。另外，贾倩等（2012）[85]开发的面向大型科研机构的知识管理系统，目标是知识资源在研制部门间、项目队伍间的共享；陈婷等（2014）[86]开发的高校科研管理系统，其主要对科研机构、科研人员、科研项目、科研经费等方面进行统计管理，没有体现出统计之后的一些分析功能；胡欣等（2015）[87]开发的科研成果管理系统的设计与实现，其主要的三大模块即公共模块、科研申报模块及科研审批模块均没有体现出对科研机构创新的评价与管理。总之，市场上已有的系统均不能直接运用到广东省科研机构创新评价管理中。同时，由于科研机构创新能力管理既有相对于其他机构管理的特殊性，又有不同行业的科研机构评价目的、方法的差异；评价指标间既有共性又有个性化的要求，造成了科研机构创新能力评价的繁琐、复杂、交叉、重复，传统的、离散的管理方法已经难以适应管理水平不断提高的要求，迫切需要开发一套管理信息系统，利用系统化思维、电脑化手段、网络化传输，解决广东省属各类科研机构创新能力评价与管理中的复杂问题。

基于上述特殊性，广东省科技厅必须自行开发适用于本省实际情况的省属科研机构创新能力评价管理信息系统，将有效的综合评价理论及方法嵌入软件系统中，去逐一评价省属各科研机构的创新能力，并及时对科研机构的创新能力进行全程跟踪，实现对创新能力的静态、动态及预测的评价与管理。同时，实现广东省科技厅对全省科研机构创新能力水平的评估，为其研究科研机构创新方面存在的问题并提出科研机构创新能力发展的思路与对策提供依据，也为科研机构与广东省科技厅以及科研机构之间进行信息共享和交流提供一个平台。

8.2　系统开发的目标

8.2.1　系统开发的综合目标

通过创新能力评价管理系统建设，可以实现对科研机构创新能力的网络化管理，形成一个动态的科研机构创新能力数据中心和科研机构创新能力管理沟通平台，全面、实时、准确提供广东省属科研机构创新能力的有关信息。为此，本系统要基于广东省的科研机构创新评价需求进行特定开发，根据省属科研机构的特点，将分别从农业、工业、科技服务和社会发展四个领域出发，选取这四个领域所具有的共同指标和不同指标，建立该省属科研机构创新能力评价指标体系，并且使用多层次模糊综合评价法、直觉模糊评价法及其他一些评价法等综合评价法，针对不同领域的评价指标对该省属各类科研机构创新能力进行综合评价，提出创新能力的静态评价、动态评价以及预测评价方法和模型，能够客观评价省属科研机构创新能力现状，为广东省属科研机构创新能力的提升提供辅助决策。针对创新能力评价管理工作的全过程，从创新能力综合评价工作的实际出发，解决工作中的关键性问题，并充分利用管理信息系统高效的功能，实现科研机构创新能力评价管理工作全过程的计算机管理，为科研机构工作人员提交数据、查看创新能力评价结果等方面的工作提供很大的便利，更能辅助广东省科技厅进行科研机构创新能力提升、发展路径等方面的管理决策。

8.2.2 系统开发的具体目标

（1）有效地构建科研机构创新能力评价模型，计算评价结果。由于科研管理人员在进行机构创新能力评价工作时，首先需要进行调研确定评价目的、评价对象以及评价内容等问题之后，在此基础上结合评价对象的特点确定评价指标，为指标赋予权重，并且选择合适的评价方法将这些指标集成为一个综合指标，计算出评价结果。系统应该为这一工作提供支持，提供评价指标、评价模型以及评价实例的构建与维护，并且为用户返回评价实例计算结果，即评价对象的综合评价结果。

（2）直观地进行评价结果分析对比。系统使用数值计算方法返回的某科研机构评价结果为抽象数据，如果可以对这些抽象离散数据背后的相关联系与隐藏的机构创新力的有关信息进一步展示出来，则可以为用户提供更多的决策参考，帮助系统用户更好地理解综合评价结果，而数据可视化是可以直观地对评价结果进行分析的一种理想方式。数据可视化是指利用计算机图形学和图像处理技术，将数据转换为图形或图像在屏幕上显示出来，并进行交互处理的理论、方法和技术，它涉及计算机图形学、图像处理、计算机辅助设计、计算机视觉及人机交互技术等多个领域知识。因此系统中应该提供数据可视化工具对综合评价结果进行分析，帮助用户更直观地理解评价结果传达的机构创新能力水平以及一定时间维度内创新能力变化趋势。

（3）提供历史数据以及评价信息的保存及备份还原功能。在传统的手工处理方式中，科研机构需要专门花费金钱、人力、物力等资源去保存历史评价的相关数据及评价结果。因为相关的历史数据不仅可以为后续工作提供翔实的数据基础，方便做出科学的决策，可以作为机构奖励的凭证以及依据，具有一定的权威性。另外，还可以为后续科研机构创新能力评价工作提供参考和借鉴，后续评价工作可以在原来评价档案的基础上借鉴优势规避劣势。在使用计算机技术将科研机构创新能力评价工作半自动化实现之后，该系统亦需要保存历史评价工作的相关数据，保留历史数据的价值。

（4）借助现有成熟的信息技术以及开发方式，保证系统的稳定性与现时性，根据信息管理与信息系统开发的原理和方法，来实现省属科研机构创新能力评价管理系统的全过程，实现对评价工作的信息化和一体化，提高评价工作效率。

（5）系统界面的设计应符合人们使用、操作的一般习惯，界面清晰自然，导航条目简洁明了，能够快速熟悉系统的功能架构，方便使用。

8.3　系统的总体架构及功能介绍

广东省属科研机构创新能力评价管理系统（以下简称为创新能力评价管理系统）采用的是现今主流的 Java Web 的编程技术进行设计开发，系统应用服务器采用 Tomcat，数据库为 MySQL 5，整个网站及后台管理系统易操作易维护。系统的总体架构如图 8－1 所示。

系统的功能包括核心功能与辅助功能，不同角色拥有不同的权限。目前系统拥有三种角色：管理员角色（指广东省科技厅）、科研机构角色（系统中简称企业用户，是指广东省属各科研机构）以及访客角色（指所有访问系统的人）。

（1）管理员角色（广东省科技厅）。其核心功能包括评价的指标体系管理（是进行科研机构评价的基础，具体包括评价指标的增加、修改、删除等功能）、指标数据管理（包括数据的审核、查看、录入、修改和删除权限）、评价方法管理（包括有多层次模糊综合评价法、直觉模糊评价法以及一些其他方法。该功能模块支持对原有方法的编辑、更新管理，以及预留有新接口以便增加新方法）、创新能力评价（包括对科研机构的静态、动态以及预测这三方面的评价，并可根据评价结果自动生成相应的对策、建议）、评价结果管理（该模块除了可对科研

第8章　广东省属科研机构创新能力评价管理系统

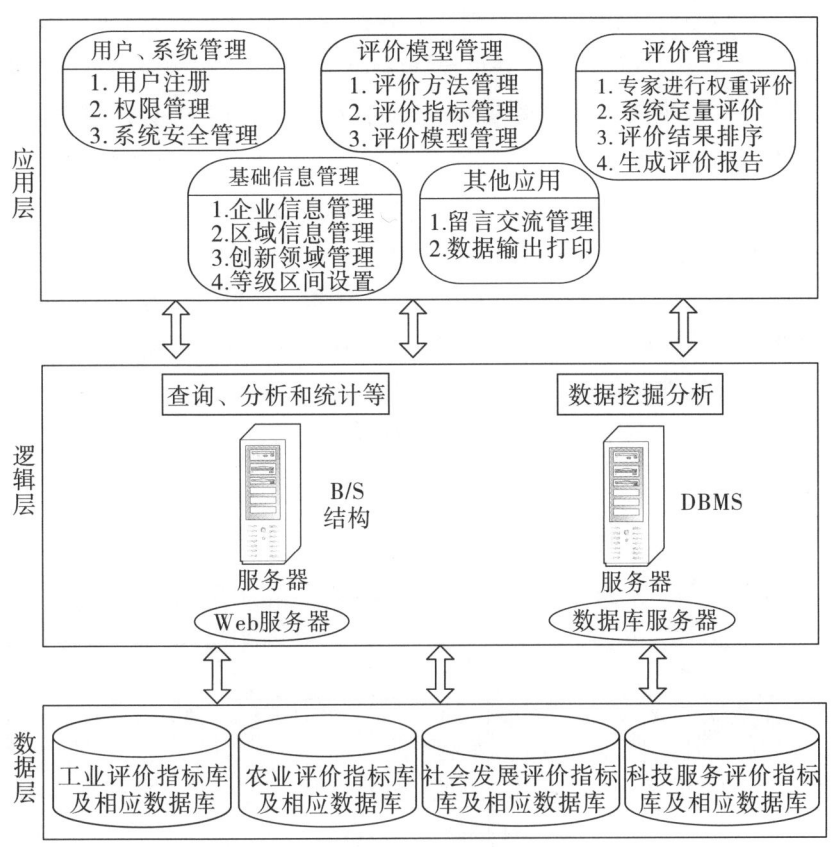

图8-1　系统架构图

机构的静态、动态及预测评价结果进行显示、查询、删除等方面的管理,还可对科研机构创新能力进行排名)、基础信息管理(主要包括评价指标及其数据录入时所涉及的区域信息、企业信息及创新领域信息的增加、删除、修改等功能)。辅助功能有留言交流管理(提供管理员与企业用户、访客的一些交流,功能包括回复留言、查询留言、删除留言)、用户管理(是管理员对企业用户登录信息的管理,经过审核的用户才能登录使用本系统,其子功能包括审核用户账号、查询用户账号及删除用户账号)、系统管理(为了使系统更安全运行,此处的系统管理包括数据备份、数据还原等功能)以及用户中心管理(包括用户信息管理及修改密码管理)。

(2)企业角色(就是科研机构)。其核心功能包括评价的指标体系管理,具体包括评价指标体系查看、指标数据管理(包括数据的录入和查询权限)、创新能力评价（可以自己调用评价方法对本企业进行评价，包括对科研机构的静态、动态以及预测这三方面的评价，并可根据评价结果自动生成相应的对策、建议）、评价结果查询（该模块可对企业的静态、动态及预测评价结果以及科研机构创新能力排名等方面进行查询）。辅助功能有留言交流管理（提供企业用户、访客的一些交流，功能包括新增留言、查看留言、删除留言）、用户中心（其子功能包括审核科研企业用户信息、登录密码等方面的修改、查询）。

（3）访客角色（一般访客）。拥有对指标体系、评价方法及评价结果的查看权限。在留言交流模块中，还拥有新增留言、查看留言及回复留言等功能。

创新能力评价管理系统的功能可简要如图 8-2 所示。

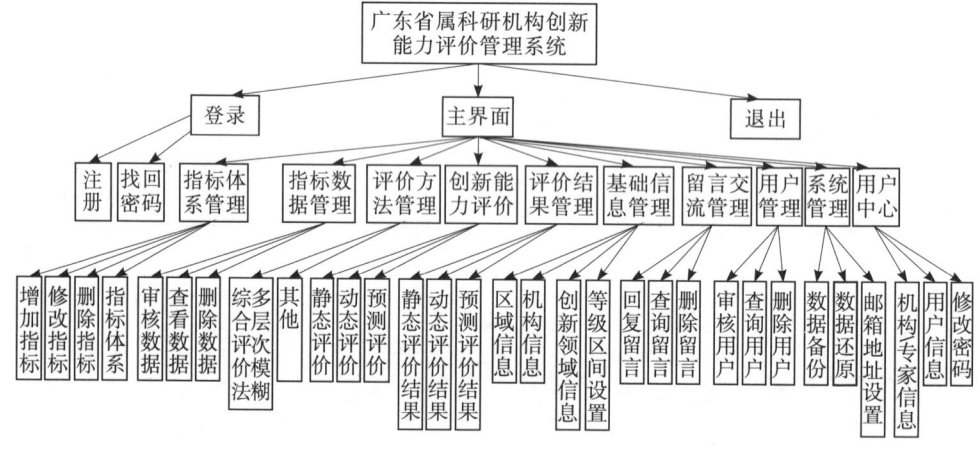

图 8-2　系统的功能图

整个系统采用统一的人性化的操作界面，所有模块的操作方法基本相同，各种操作界面的布局及各种按钮的形状和位置基本固定，用户可以在较短的时间完全掌握系统的各种操作方法。管理系统的具体功能及其操作介绍详见文档附件里的使用说明。

8.4　系统设计中的关键技术

（1）总体设计。本系统按照 MVC 框架来进行开发，采用面向对象设计方法。系统由 JavaBean 类、Controller 类以及指标体系管理、指标数据管理、评价方法管理、创新能力评价、评价结果管理、基础信息管理、系统设置、用户管理、留言交流管理、用户中心这几大功能模块的子模块界面构成，用 MySQL 5.7 数据库对系统所有界面处理数据进行存储，一部分常用的静态数据保存在系统的配置文件中。

(2) 用户接口设计。本系统的已通过审核的注册用户可以通过 Chrome、IE、Edge 浏览器访问、操作本系统，所有网页均提供图形界面操作。

(3) 数据接口设计。通过 JDBC 对 MySQL 5.7 数据库进行连接。

(4) 系统出错处理设计。在程序设计时，对数据的处理过程，包括权重的计算过程、专家打分汇总计算过程、各类创新能力评价过程等，均严格控制，避免因程序设计缺陷而导致数据出错。系统对所有可能出现的出错信息均设计了相关的提示信息。如果是误删除操作，管理员可以上传最后一次的数据库备份文件，将其恢复到数据库中。如果是数据填写错误，系统每一个模块均设计有修改功能或删除功能，用户可以对数据进行修改或删除后重新添加，以保证数据的正确性。

(5) 应用系统安全措施设计。为防止用户对数据库的数据非法访问、修改造成信息泄露或者失真，运用数据库提供的安全机制，对应用系统用户分配数据库服务器角色和数据库角色。按数据库服务器角色对数据库对象授权，用户对数据库对象的访问权限由系统管理员指定。

8.5 系统的开发与设计优点

(1) 系统主界面采用了比较流行、严谨的"厂"字形结构，将整个可视化界面分为三个部分，清晰自然，操作简单，且相似模块采用相一致的设计，用户操作可以有一个基本的统一。

(2) 对系统的功能根据不同用户的功能需求进行相应的划分，确保了每一类用户在自己的权限之内操作本系统，规范了系统的流程。

(3) 本设计基本上能够实现一个完整的创新能力评价过程，包括指标体系的建立、专家打分、评价方法库的实现和创新能力评价，为被评价机构提供了一个科学的评价平台。

(4) 本评价系统所要处理的数据量非常大，所以在设计时尽可能多地提供下拉框、单选框、复选框供用户选择输入，并对一些如编号、时间等数据进行自动赋值，减少用户的输入错误；另外用户在使用下拉框时可输入也可在下拉列表中选择，并且可以边输入边定位列表的内容，方便用户快速找到自己的内容，使系统更加人性化。

(5) 系统中的每个功能模块基本都会提供相关的查询功能，能够满足用户的多种查询要求，支持多条件的单项或组合查询，支持对时间的模糊查询。

(6) 对于系统的各类操作，包括各类计算和各种增、删、查、改，都提供了操作成功或失败后相应的提示信息，并且在操作前也会有相应的提示信息，让用户进一步确认操作。

第 9 章　广东省属科研机构发展思路

通过综合评价的创新能力排名以及各项创新能力指标的比较分析后发现，各大领域内的科研机构创新能力参差不齐，相差悬殊较大。另外，有部分科研机构的创新能力较为波动甚至有所下降。其中一部分机构各项创新能力指标都名列前茅，而另一部分虽然有几类指标不理想，但通过其他方面的努力，也带动了其综合创新能力。一些总体排名虽较为靠后的科研机构，在某一方面的创新能力指标也有着不错的表现。

9.1　总体思路

为进一步提升广东省省属科研机构创新能力，探索并逐步完善既适应社会主义市场经济，又符合科学技术本身发展规律的现代科研机构新体制，同时切实增强其科技创新能力和服务能力，为广东经济区建设和社会发展服务提供科技支撑。因此，应当依据四大领域的科研机构创新能力评价结果与其自身发展情况，明确战略定位，重塑体制机制，拓展发展空间，提升综合创新能力。经过调研并计算分析研究，建议从以下几个方面构建思路。

（1）明确各大领域科研机构自身创新能力的劣势，对症下药。本研究将广东省属科研机构分为了四大领域（农业、工业、社会服务与科技发展），每个领域的科研机构均有其自身的专业性与特点，因而应当更具针对性地根据各大领域科研机构的创新能力评价结果低的指标进行具体分析，从而提出具有指导性与实质性的发展建议。

（2）加强功能定位、分类治理，探索建立不同类型的治理模式。由于存在一些省属科研机构对自身定位并不是十分明确，因而应结合"十三五"科技发展规划的研究与编制工作，在对省、市、县（区）科研机构进行系统调研摸底基础上，以"十三五"期间广东区域创新体系建设中的科技需求为导向，制定广东省科研机构发展规划。其次，对科研机构进行科学规划，形成科技创新与服务资源聚集优势，进一步明确科研机构的发展定位、发展方向、发展战略及相关保障措施。

(3) 稳定支持、强化保障，提升科研活动可持续能力。有部分科研机构的创新能力并不稳定，尤其是各年的创新能力差异较大，波动性较强，所以应根据改革和完善财政支持方式，保障科研机构的稳定、持续。建立健全科研项目绩效和经费评估制度，提升科研成果质量和水平。

(4) 理顺体制、系统重组，放活全省科技资源。从对省属科研机构调研以及评价的情况来看，一些科研机构的改革并不彻底，依旧存在比较严重的行政化问题。科研机构改革的首要任务是要改革现行的双重管理体制，彻底解决发展中存在的多头管理、交叉管理的多"婆婆"问题，理顺院所管理体制，优化配置院所资源，重组院所组织，放活科技活力。对"有面向市场能力"的机构或部分进行企业化转制，理顺运行机制，应认真执行为贯彻落实党的十八届三中全会和《中共广东省委贯彻落实〈中共中央关于全面深化改革若干重大问题的决定〉的意见》(粤发〔2014〕1号)精神，全面深化科技体制改革，加快实施创新驱动发展战略文件，转换发展方式，形成与市场联动的运行机制。对按科研机构运行与管理的科研机构，坚持"因所制宜、分类管理"的原则，可按照大学科类别，在全省范围内进行合并同类项，整合省、市、县（区）科技资源，并积极探索通过院所与院所间、院所与高校间及院所与行业技术中心间的兼并、重组、联合等多种方式，实现科技组织结构的重组。在院所管理体制上，可在原来已具备一定行政管理职权的基础上，完全归入主管厅局管理，彻底解决当前院所发展中存在的多个"婆婆"交叉管理、束缚决策机制问题。

9.2 劣势分析

从第4章的评价结果不难看出，广东省属不同领域的科研机构均具有自身的特色与特点，但也存在一些问题。

(1) 农业类的省属科研机构的创新能力在强、较强、中与弱中分布较为零散，创新能力并未集中在某一层级中。可以看到，创新能力强的省属科研机构的一级创新能力指标均位于前列。综合二级指标来看，人力投入（0.644）、课题投入（0.634）的力度较大，人才基础（0.693）也很好，但设施基础（0.608）与人才培养（0.563）方面的得分值小于其他指标。这说明应当从基础设施建设与人才培养方面入手，均衡发展。创新能力较强的省属农业类科研机构在各个一级创新能力指标上表现较为均衡，均在0.5～0.6，但具体挖掘二级指标的情况，发现在创新氛围（0.418）与人才培养（0.474）这一块偏弱。创新能力中等的省属农业类科研机构的一级指标创新投入能力（0.332）均小于其他一级指标，这说明在创新投入能力这一板块较弱。处于创新能力弱的省属农业类科研机构的整体创新能力表现都比较差，尤其是在创新基础能力（0.212）、创新产出能力（0.216）和创新社会效应（0.195）上，与其他创新能力指标具有一定的差距。

（2）工业类的省属科研机构的创新能力在强、较强、中与弱中分布也较为零散，创新能力同样并未集中在某一层级中。可以看到，创新能力强的广州有色金属研究院的各项创新能力指标远远高于其他处于强的科研机构，整体拉高了该层级的平均创新能力水平，但从侧面反映出了不同省属工业类科研机构的差距过大。创新能力较强的科研机构在创新营运能力（0.494）与创新社会效应（0.428）方面低于其他指标，这说明对科研机构内部的软实力管理能力以及对促进社会发展的影响程度有待加强。而创新能力处于中等的省属工业类科研机构在创新投入能力（0.405）方面投入力度高，但是在创新基础能力（0.358）、创新产出能力（0.337）方面却偏弱，这说明在投入产出效率上面存在一定的缺陷。创新能力为弱的省属工业类科研机构在各项创新能力指标上明显都处于弱势，这说明整体都需要进行改进。

（3）科技服务类的科研机构的创新能力在较强、中与弱中的数量较多，而处于强的科研机构仅有广东省计算中心（JS中心）。该所拥有100多名科技管理、技术研发、科技服务、教育培训等方面的专业技术人员。拥有广东省高性能计算重点实验室、广东省服务计算工程技术研究开发中心和广东省突发事件应急信息技术研究中心等省级科研基地。从各个创新能力指标来看，JS中心都是其他科技服务类科研机构的标杆。可以看到，处于较强、中与弱的科技服务类科研机构在创新基础能力、创新产出能力均偏弱，而创新社会效应相应较好，这也从侧面反映了该类科研机构的服务的性质。

（4）省属社会发展科研机构的创新能力在中与弱中的数量较多，创新能力同样并未集中在某一层级中。可以看到，创新能力处于强的省属社会发展科研机构在创新营运能力（0.558）方面低于其他创新能力指标，说明该层次的科研机构的内部软实力有待提高。而创新能力较强的省属社会发展科研机构在创新营运能力（0.513）上较好，而在创新基础能力（0.441）上却不是很高。省属社会发展科研机构处于中与弱的科研机构数量较为集中，创新投入能力与创新社会效应都相对较低，应从此方面入手改进。

9.3 功能定位

随着市场经济体制的完善，GDP 的高速增长，经济发展方式的转变，需要政府调控科技发展的力度明显增大，赋予科研机构的责任和下达给科研机构的任务会更重。在这种趋势下，如果科研机构涉足过多领域并过度多元化，会造成泛而不精，会导致科技成果质量下滑。另外，如果广东省属科研机构不能保持自身的功能与定位，去继续做与大学及企业趋同的工作，那么永远会居于人后并走向衰退，逐步失去这种组织设立的必要。因此省属科研机构应该集中精力和力量从事针对自身领域并体现政府意志和公共行为的技术创新活动，做到有所为、有所不为，那么就会获得更加广阔的发展空间。

目前，我国在工商部门注册的企业达 1030 万户（未含个体工商户 3130 万户），其中，中小企业超过 99%，创造产品和服务的价值大约相当于国内生产总值的 60%，约占全国税收的 50%，提供城镇就业岗位近 80%。不难看到，其实省属科研机构为中小企业提供技术创新平台服务应该是不错的选择。

9.3.1 农业科研机构

以农业为本位，着力加强农业科技创新，持续推动现代农业发展。

农业科研机构处于我国农业科技创新体系的末端，又位于所在行政区域农业科技创新体系的前端，发挥着承上启下的重要作用，根据本地及周边地区农业生产出现的实际问题，应着重加强应用型、集成型、有区域特色的农业科技自主创新，结合单位实际，亦可开展部分应用基础研究。

（1）发挥品种选育优势，加快推进现代种业品种的更新是农业升级换代的关键因素，在农业科技进步贡献份额中，品种贡献最大，约占 40%。2012 年中央一号文件明确提出，增加种业基础性、公益性研究投入，加强种质资源收集、保护、鉴定，创新育种理论方法和技术，创制改良育种材料，加快培育一批突破性新品种。广东省属农业科研机构在品种选育方面具有较强优势，据统计，从 1949 年到 2006 年，我国培育并推广的农作物新品种、新组合达 6000 多个。广东省属农业科研机构应继续坚持以常规育种为重点，将常规技术与生物技术育种相结合，加强农业生物种质资源、农业基因资源收集、保护、鉴定和育种材料改良创制，加快培育具有自主知识产权的高产、优质、多抗、广适的动植物新品种，为我国现代种业发展提供优良品种支撑，确保粮食安全和农产品生产保障能力。

（2）加强实用关键技术攻关，着力突破农业生产技术瓶颈立足优势农产品

和优势产业的关键环节,加强先进实用农业技术的引进、消化、创新和集成应用,尽快取得一批重大实用技术成果。重点发展动植物新品种高效标准化配套生产技术,种苗快速繁殖及工厂化育苗技术,重大动物疫病防控和植物病虫害防治技术,主要畜禽水产高效、节本、健康养殖技术,高效缓/控释肥料、生物有机肥、生物农药研制和平衡施肥技术,农业资源高效利用和节水农业关键技术,先进实用农业机械化及设施农业技术,农业信息化相关技术以及制约区域现代农业发展的重大关键技术等。

(3) 立足自身发展特色,适度开展农业高技术研究瞄准农业高技术发展前沿,以现代生物育种前沿技术为核心,结合本单位实际和发展特色,可适度开展转基因、分子标记、细胞工程等植物分子育种高技术和畜禽分子设计、细胞工程育种技术以及现代农业节水高效技术等高技术研究,在未来农业科技竞争制高点占有一席之地,支撑和引领现代农业发展。

9.3.2 工业科研机构

工业科研机构要以工业为本位,面向政府及企业的技术和咨询服务、工业技术创新与服务平台构建、核心创新团队建立、专业技术人员培养,推进技术人员和技术整体转移及技术转移。

工业科研机构的基本宗旨是:紧密联合政府、企业和社会各界力量,开放办院或所,根据工业经济发展需求,整合内外技术资源,建立创新载体,促进科研成果转化,最终提升我国自主创新能力。其基本目标是:①加强自身研究与开发能力;②为企业提供技术转移与推广、规划和咨询等服务,提升社会产业化水平;③培养人才。

广东省属工业科研机构的定位应是面向市场的以应用性研究为主的研发机构。当前科研成果的转化主要分为基础研究阶段、应用研究阶段、产业化阶段。其中基础研究阶段主要是指在实验室进行的研究,制造出样品或者样机;应用研究阶段,是通过分析市场的需求,对实验室产品进行进一步物化,完成相关技术、工艺的改进和准备;产业化阶段则是指将技术成果推入市场,实现技术的扩散。当前高校普遍注重基础研究,而忽视后续研究,企业注重产业化阶段,对前期研究技术不足,导致技术链和产业链之间的断裂严重。

广东省属工业科研机构应将各方面资源相整合,构建传播和扩散知识的平台,能解决高校、科研机构技术成果产业化程度不够,中试阶段产业链断节等问题,同时为产业化提供技术保障,通过将服务扩展到企业应用的阶段,帮助其解

决生产、销售和售后服务中的技术难题。另外,应促使技术链和产业链相结合,形成一个统一的整体。为了发挥广东省属工业科研机构应有的作用,提高研究技术含量以外,要以应用研究为主,通过广泛的探索和资源优势的整合创造具有国际竞争力的新兴产业,同时也要加强企业机构产业化的促进作用,保证科研成果转化的成功。

9.3.3 社会发展科研机构

把服务本省经济、基础建设和社会发展放到首位。

社会发展科研机构服务于社会大众,不以追求经济利益为目标,主要是为社会成员的生存和发展营造良好的环境,如发展低碳经济、绿色产业,这些项目所需要的技术支撑属于公共产品的范畴。社会发展科研机构提供的主要是使社会公众普遍受益的公共科研产品和服务,而其成果又无法或很难用经济效益来衡量,主要体现在社会效益上,以公共知识产品为例,它在具体形态上体现为想法、知识、理论、设计和工艺,具有明显的公共物品特征。从履行公共行政职能的角度来讲,社会发展科研机构为公益项目提供技术支撑,是地方科研机构义不容辞的责任,否则,它就失去了作为社会发展科研机构存在的意义。实际上,社会发展科研机构一直都在为提供更加优质的公共知识产品而努力,问题的实质就在于如何使它们生产的知识产品满足社会发展需要。

既然社会发展科研机构承担着由政府转移而来的部分公共行政任务,那么其功能定位就应围绕它所承担的公共行政职能的具体内容来构建。结合事业单位性质和国家战略目标与地方之差异,社会发展科研机构的定位必须以"社会发展服务论"为本位予以明晰。社会发展服务是指由政府或公共组织或经过公共授权的组织提供的、具有共同消费性质的公共物品和服务。

在一个国家的创新体系中,社会发展科研机构主要从事着社会效益显著而经济效益较低的行业和事业,并进而形成全社会共享的技术基础设施和科技资源体系,这对整个国家和区域的经济社会发展,具有不可替代的价值功能。

9.3.4 科技服务科研机构

重点发展研究开发、技术转移、检验检测认证、创业孵化、知识产权、科技咨询、科技金融、科学技术普及等专业科技服务和综合科技服务。

(1) 研究开发及其服务。加大对基础研究的投入力度,支持开展多种形式的应用研究和试验发展活动。支持科技服务科研机构整合科研资源,面向市场提供专业化的研发服务。鼓励研发类企业专业化发展，积极培育市场化新型研发组织、研发中介和研发服务外包新业态。支持产业联盟开展协同创新，推动产业技术研发机构面向产业集群开展共性技术研发。支持发展产品研发设计服务，促进研发设计服务企业积极应用新技术提高设计服务能力。

（2）技术转移服务。发展多层次的技术（产权）交易市场体系，支持技术交易机构探索基于互联网的在线技术交易模式，推动技术交易市场做大做强。鼓励技术转移机构创新服务模式，为企业提供跨领域、跨区域、全过程的技术转移集成服务，促进科技成果加速转移转化。依法保障为科技成果转移转化作出重要贡献的人员、技术转移机构等相关方的收入或股权比例。充分发挥技术进出口交易会、高新技术成果交易会等展会在推动技术转移中的作用。推动高校、科研机构、产业联盟、工程中心等面向市场开展中试和技术熟化等集成服务。建立企业、科研机构、高校良性互动机制，促进技术转移转化。

（3）检验检测认证服务。加快发展第三方检验检测认证服务，鼓励不同所有制检验检测认证机构平等参与市场竞争。加强计量、检测技术、检测装备研发等基础能力建设，发展面向设计开发、生产制造、售后服务全过程的观测、分析、测试、检验、标准、认证等服务。支持具备条件的检验检测认证机构与行政部门脱钩、转企改制，加快推进跨部门、跨行业、跨层级整合与并购重组，培育一批技术能力强、服务水平高、规模效益好的检验检测认证集团。完善检验检测认证机构规划布局，加强国家质检中心和检测实验室建设。构建产业计量测试服务体系，加强国家产业计量测试中心建设，建立计量科技创新联盟。构建统一的检验检测认证监管制度，完善检验检测认证机构资质认定办法，开展检验检测认证结果和技术能力国际互认。加强技术标准研制与应用，支持标准研发、信息咨询等服务发展，构建技术标准全程服务体系。

（4）创业孵化服务。构建以专业孵化器和创新型孵化器为重点、综合孵化器为支撑的创业孵化生态体系。加强创业教育，营造创业文化，办好创新创业大赛，充分发挥大学科技园在大学生创业就业和高校科技成果转化中的载体作用。引导企业、社会资本参与投资建设孵化器，促进天使投资与创业孵化紧密结合，推广"孵化+创投"等孵化模式，积极探索基于互联网的新型孵化方式，提升孵化器专业服务能力。整合创新创业服务资源，支持建设"创业苗圃+孵化器+加速器"的创业孵化服务链条，为培育新兴产业提供源头支撑。

（5）知识产权服务。以科技创新需求为导向，大力发展知识产权代理、法律、信息、咨询、培训等服务，提升知识产权分析评议、运营实施、评估交易、

保护维权、投融资等服务水平,构建全链条的知识产权服务体系。支持成立知识产权服务联盟,开发高端检索分析工具。推动知识产权基础信息资源免费或低成本向社会开放,基本检索工具免费供社会公众使用。支持相关科技服务机构面向重点产业领域,建立知识产权信息服务平台,提升产业创新服务能力。

(6)科技咨询服务。鼓励发展科技战略研究、科技评估、科技招投标、管理咨询等科技咨询服务业,积极培育管理服务外包、项目管理外包等新业态。支持科技咨询机构、知识服务机构、生产力促进中心等积极应用大数据、云计算、移动互联网等现代信息技术,创新服务模式,开展网络化、集成化的科技咨询和知识服务。加强科技信息资源的市场化开发利用,支持发展竞争情报分析、科技查新和文献检索等科技信息服务。发展工程技术咨询服务,为企业提供集成化的工程技术解决方案。

(7)科技金融服务。深化促进科技和金融结合试点,探索发展新型科技金融服务组织和服务模式,建立适应创新链需求的科技金融服务体系。鼓励金融机构在科技金融服务的组织体系、金融产品和服务机制方面进行创新,建立融资风险与收益相匹配的激励机制,开展科技保险、科技担保、知识产权质押等科技金融服务。支持天使投资、创业投资等股权投资对科技企业进行投资和增值服务,探索投贷结合的融资模式。利用互联网金融平台服务科技创新,完善投融资担保机制,破解科技型中小微企业融资难问题。

(8)科学技术普及服务。加强科普能力建设,支持有条件的科技馆、博物馆、图书馆等公共场所免费开放,开展公益性科普服务。引导科普服务机构采取市场运作方式,加强产品研发,拓展传播渠道,开展增值服务,带动模型、教具、展品等相关衍生产业发展。推动科研机构、高校向社会开放科研设施,鼓励企业、社会组织和个人捐助或投资建设科普设施。整合科普资源,建立区域合作机制,逐步形成全国范围内科普资源互通共享的格局。支持各类出版机构、新闻媒体开展科普服务,积极开展青少年科普阅读活动,加大科技传播力度,提供科普服务新平台。

(9)综合科技服务。鼓励科技服务机构的跨领域融合、跨区域合作,以市场化方式整合现有科技服务资源,创新服务模式和商业模式,发展全链条的科技服务,形成集成化总包、专业化分包的综合科技服务模式。鼓励科技服务机构面向产业集群和区域发展需求,开展专业化的综合科技服务,培育发展壮大若干科技集成服务商。支持科技服务机构面向军民科技融合开展综合服务,推进军民融合深度发展。

9.4 发展途径

9.4.1 以满足企业需求为依据确立科研项目

科研活动的最终目标是将科技产品和服务转化为生产力要素，促进经济社会发展。经济发展对科技的需求与公益类科研机构公共产品供给之间的关系受"供求关系理论"调控。政府下达的研发目标与公益类科研机构的研发目标应该一致，而政府确立的研发项目的直接依据是市场对某种技术的需求。企业是市场经济的主体，也是科技成果应用的主体。企业要发展，必须依靠科学技术和科技创新，但科学技术与生产力之间并非零距离，跨越这个距离依靠市场和企业远远不够，政府、企业、市场、科学技术之间需要桥梁引导，地方公益科研机构就充当了这个引导。为避免项目研发的盲目性及其与市场需求的脱节，再次形成"待转化"的科研成果，项目立项的重要原则及标准之一是项目研发本身具有潜在的市场需求。

9.4.2 以利用高校资源为手段提升研发水平

传统产业技术的更新升级和战略性新兴产业的发展壮大，以及区域经济所呈现的经济圈、产业带、集群化等多种经济组织形式，为大学与区域内科研机构和企业之间形成技术协同、服务协同、资金协同、体制机制协同等多元协同创新模式提供了明确的预期目标和行动愿景。依托协同创新所形成的强大智力与科研资源将得到最大化的共享与释放，围绕大学周边的知识溢出效益会更加强劲。美国硅谷成功的关键就在于区域内的产学研实体等形成了扁平化和自治型的"联合创新网络"。

9.4.3 以遵循市场规则为前提实现知识价值

知识产品由于自身的特点，其产品价值无法通过市场来实现，当然也就没有市场价格，但在市场经济条件下，知识产品的科研机构却有自身的利益要求，有实现知识产品收益的动机。知识产品从生产到消费的过程中，虽然无法像竞争性知识产品那样形成市场价格，但不代表它没有价格。政府在购买公益类知识产品时，既要根据公众消费的需求，也要委托各个学科的专家根据知识产品的研究路径、研究成本、研究队伍等因素综合判定其研究成本，最为直观的表现就是它的购买价格以政府批准课题和计划时国家财政予以拨付的资金数为依据。

总之，路径选择是手段，助推发展是目的。在协同创新、创新驱动、企业主体等科技发展战略全面实施的大背景下，地方公益类科研机构发展路径的选择既要重视与国家和地方的科技发展相契合，又要考虑所承担的公共行政任务，要在公共服务的公益性和市场经济的自利性之间寻求平衡。但无论科技发展环境如何变化，地方公益科研机构的发展路径都必须围绕地方经济社会发展和地方政府的战略发展目标对公共科技产品和服务的实际需求予以架构与设计。

第 10 章　广东省属科研机构创新对策建议

如何通过完善提升广东省属科研机构创新能力的对策建议，达到促进广东省属科研机构创新能力提高的目的，这是本章的落脚点。这方面的研究建立在以下分析的基础上：广东省属科研机构创新能力评价效果的分析，这是第 4 章、第 6 章的内容，找出问题所在才能提出针对性的建议。具体到科研机构个体层次，通过实地调研以及横向对比创新能力排名较前和排名靠后的机构的相关数据，我们发现，影响名次前后（创新能力高低）的因素主要包括机构之间创新基础、创新投入、创新营运、创新产出以及创新社会效应等各个方面的差异。因此，本研究主要针对以上几个方面提出相应的对策，为深化科研机构创新能力的建设提供几点建议。

10.1　创新基础建议

科研机构的基础设施可以在创新过程中支持各种创新活动，从而提高创新绩效。基础设施的基础极大影响了科研项目后续的进展与科研绩效。因而，提升科研基础设施的建设在科研机构创新能力中占据着举足轻重的地位。

10.2　创新投入建议

科研机构创新投入是为科研机构开展科技创新活动所能够投入的各种创新资源的数量和质量的总和，是科技创新活动开展的基础和前提条件，是产出高水平科技创新成果的前提和保证，是实现科技创新效益的基石。

总体来看，近几年广东省属科研机构的 R&D 投入虽有所增长，但增长速度低于企业。R&D 可以提高知识的积累率，将直接增加成果产出量，持续增加 R&D 经费投入是科研机构实现自主创新和可持续发展的重要手段之一。

对于广东省属科研机构，无论哪个领域，都应当进一步加大公共财政对科研机构的投入力度，减少与科研机构使命定位无相关或相关性低的其他科研增收活动，集中科研人员的研究专注度，并保证高水平科研人员的工资具有相对可比性。强调处于整个创新体系上游的基础研究投入，加强科研机构的创新能力后

第 10 章　广东省属科研机构创新对策建议

劲。在加大科研机构 R&D 经费投入的同时，健全和完善科技专项资金管理办法，加强财政科技专项资金使用情况的监督检查，建立科研机构绩效评价制度监督其创新活动，促进形成各科研机构间的有效竞争和协调发展，提高财政科技资金的使用绩效。

提高省属科研机构创新能力，实现省属科研机构的大发展离不开投入的支持，特别是创新的投入。如排名靠前的广东省科技基础条件平台中心（2014 年 1 月广东省计算中心更名而成）自 1999 年起共承接监理项目 2000 多个，监理项目投资总额约为 100 个亿，在省属科研机构中投入名列前茅。高投入有利于高产出，在本次科技服务类省属科研机构中省计算中心综合排名首位。所以，省属科研机构要集中各方面力量和部门内部各类资源在基本建设、科研项目以及人才培养等方面加大投入，增强省属科研机构在其特色优势领域的科研优势和自主创新能力，确保省属科研机构竞争优势的不丧失。因此，其他各大科研机构应当以广东省计算中心为标杆，向其看齐。

另外，在人力投入与项目投入也应当加大力度。尤其是在社会发展科研机构上，该类机构的性质更偏向于公益性质，在科研资金、人才与科研项目上的劣势比较明显，因而应加大创新合作发展与开放力度，并投入更多资金有效融合对接国内外科研强院，充分利用国内外科技资源，鼓励支持国内外高层次科技创新人才，同时，要加强省属科研机构自身创新人才的培养能力。鼓励青年人才承担重大重点项目，加快培养精干、高水平的科技力量，形成结构合理的创新团队。完善创新人才激励机制，根据科研机构实际，制定可行的绩效考核细则，从制度上落实对突出创新贡献人员的奖励，有效提高科研机构内部的竞争力，最大限度调动科研人员的创新积极性。

10.3　创新营运建议

创新营运能力涵盖创新制度、氛围、文化等在内的定性指标，具体来看，是属于广东省属科研机构创新能力的软实力。四大领域的科研机构在创新营运方面良莠不齐，对于表现良好的应当具有持续保持能力，往更好的方向发展；而表现不好的更应当加强营运方面的建设，尤其是在创新精神、创新价值观等意识形态相适应的企业制度、规章、条例、组织结构，员工激励程度、满意度、工作氛围等；领导者表率、信息沟通与创新试验环境等方面的水平。对于软实力，建议从以下几方面入手。

(1) 提高内部科研人员素质。提高公民科学素质，对提高自主创新能力、建设创新型省份，具有十分重要的意义。《广东省全民科学素质行动计划纲要实施方案（2011—2015年）》提出，到2015年实现广东省公民具备基本科学素质的比例超过5%以上的目标。《决定》中再次提出要深入实施全民科学素质行动计划，到2020年实现公民具备基本科学素质比例超过7%的目标。加大领导对科研人员素质培养的重视与培养。应重视对科研人员的培训、提高。许多单位只重视科研技术人员的培训，却很少组织对科技管理人员的培训，这种现象实际上也是领导不重视的产物。除了对科技管理人员进行业务能力培养外，还应对科技管理人员进行价值观的培养。科研管理价值观是科技管理人员人生价值观的重要内容和表现，是其对科研管理目的、管理理想的追求，是对各种具体科研管理价值理念的根本看法。只有树立正确的科研管理价值观，才能在科研管理过程中正确地评判、准确地定位和约束自己。

(2) 加强组织管理建设，创新管理体制，注重组织内部协作与互动程度，塑造良好的组织文化氛围，加强组织文化建设。提高组织对风险与创新失败的容忍程度是组织文化建设中需要重点提升的要素。此外，有必要提升科研组织内部的协作与互动程度，增强组织协调能力，进而提升广东省属科研机构创新营运能力。

10.4　创新产出建议

科研机构科技创新产出能力是科技创新形成知识性成果和技术性成果的能力，是科研机构创新能力的主要外在表现。

在创新产出程中，我国的论文与专利数相比前几年已经提升了很多，广东更是名列前茅。根据中国科技年鉴的数据，广东2014年发表科技论文8 943篇，仅次于北京、江苏和上海，2014年发明专利1 593件也位于前列。但总体来看，一是科技产出存在一定的水分，整体质量不高；二是我国的科技产出转化能力并不是很强，存在一定的科研成果与企业及社会脱节的情况。而广东省属的四大领域科研机构亦是存在此问题。

因而，对于科研产出必须要加快从量变转化为质变的效率。本研究建议将科研成果评价重点放在成果的水平和质量判断上，将质量作为衡量科研成果的最高标准，作为评价的根本导向，让高质量的成果价值获得承认，得到认可。首先，要使科研成果评价回归学术本位，就必须考虑科研成果的复杂性特点，必须以同行评议为主，只有经过同行专家评审的成果才能作为科研管理考核的依据。量化

评价只能作为辅助手段,用于弥补同行评议在客观公正性方面的不足。只有这样,评价的学术本位才能得到保证,评价在科研人员心中才能提高公信力和权威性,也才能发挥评价的激励作用。其次,还应当尊重学术发展的规律,谨慎行使行政权力。广东省属科研机构是具有行政管理特征的组织。用行政管理的逻辑来指导学术活动就可能对学术活动造成不利的影响,尽量淡化、减少使用行政权力对学术活动的干预,才能有利于科学研究的自由发展,促进科研产出的质量。

另外,应当鼓励广东省属科研机构对引进技术进行消化吸收再创新。历史经验证明,加强引进消化吸收再创新,是后发国家提高自主创新能力的有效途径。目前,我国政府科技投入中对鼓励企业引进消化吸收再创新的支持力度还不够,存在重引进、轻消化吸收的现象。未来,要通过政策支持和资金投入,从引进、供给、需求三个环节引导科研机构加强引进消化吸收再创新,逐步实现由引进型向引进消化型、自主创新型转变。

当前形势下,科技体制改革的重要目标之一就是要提高科技资源的产出效率质量,也只有不断提高科技资源的产出质量效率,才能使科技与经济深度融合,真正实现创新驱动发展。

10.5 创新效应建议

创新效应的目的是更全面地将科研机构的成果引进入社会,为社会创造更大的价值。所以针对广东省属科研机构应当进一步健全科技创新成果转化机制。目前,广东省属高校、科研机构的创新成果与社会的接轨程度较低,严重制约着职务创新成果转化与产业化。因此,要加强科技成果转化立法,推进科技成果处置权管理制度改革,探索试行高等学校和科研机构科技成果公开交易备案管理制度,提高高等学校和科研机构科技成果转化收益用于奖励科技人员及团队的比例。具体措施,可通过加快下放科技成果处置权,建立科研成果强制转化机制。扩大高校和科研机构自主权,赋予创新领军人才更大的人财物支配权、技术路线决策权。实行以增加知识价值为导向的分配政策,提高科研人员成果转化收益分享比例。逐步实现高校和科研机构与下属公司剥离,强化科技成果以许可方式对外扩散。完善职务发明制度,开展经营性领域技术入股改革,健全科技成果、知识产权归属和利益分享机制,提高骨干团队、主要发明人收益比例。

首先,完善中介服务体系,搭建科研单位与企业的科技成果转化平台,促进社会的发展。这主要是成果交易及其产业化需要大量的产业资本、金融资本注入,技术与资本的有效结合离不开科技中介机构的紧密合作及其多方位、全过程、深层次的服务。

其次，应加大科技成果通过广东省属科研机构等组织转化到企业，经过企业的商业化改造和创新也能产生对社会的溢出。另外，还应当加强技术合作研究，放松对合作研究的管制。积极促进产学研合作，为尽量缩短科研成果从实验室走进工厂的时间，广东省政府一方面应当设立中间机构在科研机构和企业间牵线搭桥；另一方面还制定了各项政策和法律，鼓励企业开发应用新科技成果。

最后，在追求量的同时，也应提高广东省属科研机构科技创新产出的质量要求，规范科技创新成果的产出，避免低质量成果产出挤出高质量成果产出。

10.6 政策完善建议

（1）进一步完善科技创新的相关政策，营造良好的科技创新政策环境加大对科技产业、合作组织在税收、信贷等方面扶持力度。在税收方面，对于科研单位、从事科技的企事业单位，特别是一些龙头科研机构通过技术成果转让、技术培训、技术咨询、技术服务、技术承包转让所取得的技术性收入减免所得税，对于直接用于科研的进口仪器设备减免增值税和关税，对科研单位取得的技术转让收入免征营业税。在信贷方面，要加大科技投资风险基金对科技的支持力度，拓宽农业科技融资渠道，提高贷款支持力度，给农业科技企业优惠贷款；积极研究开展支持科技信贷新政策。

（2）去行政化。"行政化"指的是广东省属科研机构在行政管理过程中完全照搬政府行政管理模式，设置与政府完全对应的内设机构，没有按照科研活动的规律进行机构设置和行政管理的现象。长期以来，"行政化"的科研管理给科研事业造成了相当大的阻碍甚至损害，建议从以下几个方面入手：

①回归科研精神，避免功利主义，用知识共同体标准重塑科研机构的价值。

②要改善省属科研机构的治理结构，将决策权、管理权、学术权、监督权设定为平行关系，以界限和程序保证其有效行使。

③取消各种形式的行政级别；去除一些冗余繁杂的行政审批以及行政手续，避免造成精力放在科研项目审批而并非科研过程上。

④完善科研评价机制。发挥政府、市场、专业组织、用人单位等多元评价主体作用，基础研究人才以同行学术评价为主，应用研究和技术开发人才突出市场评价，哲学社会科学人才强调社会评价。

（3）推进转制科研机构产权改革。加紧制定和出台省属科研机构产权制度改革的实施意见和具体办事程序，推进省属科研机构产权改革取得实质性进展。

第10章 广东省属科研机构创新对策建议

重点选择具备产权制度改革基础的科研机构，做好帮助、扶持和引导工作，制定配套政策，进行科研机构产权制度改革示范试点；同时支持有条件的转制科研机构产业实体上市。

（4）强化知识产权和技术标准工作。建立健全科技、标准、专利协同机制，支持企业以产业链为纽带组建标准联盟，联合推进重要技术标准的研究、制定和运用。简化知识产权转化、投资的审批制度，加强企业知识产权贯标工作，引导技术创新战略联盟推动专利的许可使用和价值实现，推动建立以优势企业为龙头、技术关联企业为主体、按照产业链布局的专利联盟，集聚知识产权资源，共同防御知识产权风险，应对知识产权诉讼。探索建立知识产权运营中心，建立重点产业知识产权运营基金。完善知识产权评估机制，发展壮大知识产权服务业。加强知识产权保护，完善知识产权审判机制，建立巡回审判工作机制，建设知识产权快速维权和海外护航机制，构建司法、行政、调解、举报、投诉多元的知识产权纠纷解决机制。

（5）加强政策扶持力度。相关政府管理部门要在巩固已有改革成果和继续完善配套政策的基础上，按照"一所一策"的思路加大改革的政策扶持力度。一是尽快争取出台进一步深化省属科研机构改革的配套政策，切实解决改革过程中出现的阻碍科研机构发展的相关问题；二是加强支持力度，使科研机构重新焕发创新活力。

（6）抓好科技基础条件平台建设，建立区域科技资源共享机制。科技资源价值最大化的关键之一在于资源共享和广泛应用，只有整合离散在各个部门的科技资源，建立科技资源共享平台，健全科技资源的共享机制，才能使科技资源配置效率最大化。在西方国家，对于建立科技资源共享的运行与管理机制以及政策、法规体系，政府与社会已经给予充分的关注。因此，广东省应大力建设各类科学数据资源的管理和共享服务网，通过省市、市市合作，整合科技文献服务、科学数据共享、仪器设施共用、资源条件保障、试验基地协作、专业技术服务、行业检测服务、技术转移服务、创业孵化服务和管理决策支持等资源。同时，政府有关主管及时向社会发布平台建设情况，包括项目建设和完成情况，科研产出情况、人才队伍建设情况、经费使用情况，接受社会监督，处理好各部门之间、资源提供者和资源利用者之间的利益关系，逐步完善共享机制，提高科技创新能力。

10.7 其他建议

（1）整合和优化创新资源。针对省属科研机构单体实力普遍偏弱、自主创新能力不强的状况，广东在新一轮的省属科研机构改革中必须调整省属科研机构布局，整合现有的科研创新资源，依托技术力量雄厚的科研机构，通过重组、新建或扩建，在工业、农业等重大领域组建若干个有多种组织形式、实行现代科研机构制度的具有强大竞争能力的新型研究开发院（创新中心），切实提升省属科研机构的整体竞争能力和社会影响力。

（2）积极探索科技服务类科研机构改革的新路子。有关管理部门应在思想大解放的旗帜下突破过去科技体制改革的思维定式，通过对科技服务类省属科研机构进行重新审视和科学定位，提高服务类省属科研机构的服务能力，满足广东省发展对服务的需求。

（3）不同区域差异化发展，提高科技资源的利用率。广东省各地市经济发展和市场化水平存在较大的差别，要实现区域科技资源的优化配置，应根据不同区域的科技发展水平和产业发展特色，制定不同的科技发展促进政策。珠三角地区对科技的投入规模和强度处于广东省领先水平，科研成果的转化和市场应用情况良好，科技资源配置效果较为显著。今后应加强科技资源潜力的挖掘，进一步优化科技资源的配置，改善科技发展的内外部环境，进行体制创新，加快科技资源的市场化步伐，推动科技成果的转化，并广泛参与国际交流与竞争，将优化科技资源配置带来的长远效果作为发展重点。粤东西及北部山区近年来科研机构、科技企业、科研经费和科研人员等增长缓慢，科技资源投入不足且配置能力不高，应建立以政府为主体、以市场为导向的多元化科技发展促进体系，积极引进和培养高新科学技术人才，活跃科技创新氛围，提高企业高校和科研机构的科技研发投入，鼓励政产学研合作，强化区域科技创新和科研成果的市场化水平。

（4）科技创新资源配置方式改革。当前，如何科学配置创新资源、最大限度地发挥财政资金的引导作用十分迫切。所以需要改革创新资源的配置方式，发挥市场对创新资源配置的决定性作用，要改革技术创新项目的形成机制和支持方式，面向企业技术需求编制项目指南，吸纳来自企业和行业协会的专家参与项目评审，这意味着今后政府支持的技术创新项目将更切合社会需求。

（5）依法运作，建立现代院所制度。依法运作是科研机构现代院所制度的基本特征，广东省科研机构改革与发展不仅要明确科研机构的法律地位，而且需

第10章 广东省属科研机构创新对策建议

要对科研机构实行法制化管理。广东省科研机构改革与发展首先必须以法律条文形式确立科研机构的地位，规定其职权范围、职能、工作任务等。世界主要发达国家对此已达成共识，例如美国的《机构法》《授权法》《国立卫生研究院法》等、日本的《独立行政法人通则法》和相关个别法。其次，应在科研管理上采用法制化手段，尤其是实行科研目标合同制。这样不仅可以加强对科研机构的领导和宏观控制，减少政府对研究机构的微观工作的渗入，给予其一定的自主性，而且能保证科研项目的进度，及时高效地完成。

（6）搭建共性技术平台，注重多学科交叉研究。学科之间的交叉性和融合性日益增强，科研机构活动的领域范围也日趋广泛，社会和经济发展中不断出现的新问题也需要其及时做出反应。因此，科研机构在组织方式和管理方式上必须要具有更大的灵活性，这也是发达国家对国立科研机构进行改革的基本出发点。依托科研机构搭建多学科交叉的共性技术平台是管理创新的一种重要形式，该平台可以联合高校、企业等多方力量攻克关键技术，在保证广东省科研机构可持续发展的同时，也有效地推动区域经济发展。

（7）建立产学研联盟，推动市场化运作。针对广东省部分产学研结合工作还停留在比较低的层次，主要局限在企业与高校、科研机构之间（点对点）的项目合作上，具有重大带动示范作用的自主创新和产业化项目数量不多的现状，政府如何实现产学研（线对线）合作带动整个行业发展，甚至促进地区社会经济的全面发展就显得非常艰巨。日本的"产业集群计划"、澳大利亚的"联接计划""新技术商业化计划"、英国的"预测计划""联系计划"等都显示不同机构共同畅通技术转移链的丰富内涵，即通过建立产学研合作联盟机制，加快技术转移，以提高地区产业集群竞争力为目标，服务地区经济全面发展。因此，建立产学研合作联盟，坚持（政府引导、多方参与、市场运作）的方针，推动企业与高校科研机构合作，形成科技创新联盟，由政府推动建立共性技术平台，攻克关键技术，提高广东省产业的自主创新能力和市场竞争力，是广东省科研机构为区域创新体系服务的重要切入点。

（8）加强国际化合作，力争科研水平国际领先。科学研究的多学科与交叉融合性日益增强，不仅需要借助于先进的科研设施，更需要通过科研机构以团队形式完成，加强合作研究，不仅要与国内同行、其他科研单位的人员进行合作，更在于谋求广泛的国际合作，任何一项科研项目的顺利完成都离不开合作研究。国外科研机构改革与发展的经验显示，各国政府纷纷通过设立特定机构、制订计划及增加国际项目经费投入等种种手段鼓励科研机构的国际化合作研究,推动科研国际化。广东省作为中国经济发展的前沿阵地,国际化程度较高,科研机构国际化交流日益频繁,有能力通过培育一支具备国际合作能力的优秀科研队伍,重点支持一批具有国际水准的科研项目来建设国际领先水平的科研机构。

参 考 文 献

[1] 刘宏伟. 面向知识经济的国家创新体系 [J]. 自然辩证法研究, 1999, 15 (9): 40-45.

[2] 唐炎钊, 方旋, 邹珊刚. 区域科技创新能力的灰色综合评估——广东省科技创新能力的综合分析 [J]. 科学学与科学技术管理, 2001, 22 (2): 69-74.

[3] 黄爱华, 张慧鹏. 广东区域创新体系对区域主导产业结构的作用及影响 [J]. 特区经济, 2007, 226 (11): 32-33.

[4] 杨洸, 雷加骕. 国外创新集群研究述评 [J]. 经济学动态, 1994, 13 (6): 64-68.

[5] Cooke P. Regional innovation systems: general findings and some new evidence from biotechnology clusters [J]. The Journal of Technology Transfer, 2002, 27 (1): 133-145.

[6] 朱少强. 国外学术机构评价的研究进展 [J]. 重庆大学学报社会科学版, 2008, 14 (1): 72-75.

[7] 仿寺邦. 加拿大的科技评估体系与方法 [J]. 全球科技经济瞭望, 1997, 16 (5): 9-10.

[8] 俞佳, 杨瑾娣. 法国的科技成果评估工作 [J]. 中国煤炭, 1998, 25 (3): 44-47.

[9] 韩淼. 关于国内外科研机构评价的比较分析 [J]. 特区经济, 1992, (1): 21-25.

[10] Chiesa V, Coughlan P, Voss C A. Development of a technical innovation audit [J]. Journal of Product Innovation Management, 1996, 13 (2): 105-136.

[11] 周维虎, 李谦, 邱耀先, 等. 科研院所技术创新能力的模糊综合评判 [J]. 科研管理, 2000, 21 (5): 84-89.

[12] Yam R C M, Guan J C, Pun K F, et al. An audit of technological innovation capabilities in Chinese firms: some empirical findings in Beijing, China [J]. Research Policy, 2004, 33 (8): 1123-1140.

[13] 李强, 韩伯棠, 翟立新, 等. 公益类科研机构绩效评价测度体系研究 [J]. 科学学研究, 2006, 24 (2): 18-21.

[14] 徐欢, 庄宇. 科研院所技术创新能力评价指标体系研究 [J]. 燃气涡轮试验与研究, 2006, 19 (1): 59-62.

[15] 赵红专, 翟立新, 李强. 公共科研机构绩效评价的指标与方法 [J]. 科学学研究, 2006, 24 (1): 85-90.

[16] Wang C H, Lu I Y, Chen C B. Evaluating firm technological innovation capability under uncertainty [J]. Technovation, 1998, 28 (6): 349-363.

[17] 邓曼, 颜佳华. 公益类科研机构创新绩效评价 [J]. 求索, 2008, 25 (7): 89–90.

[18] 邓婕. 平衡记分卡在公益性科研机构绩效评估中的运用 [J]. 财会通讯, 2009, (19): 58–59.

[19] 沈继红, 李璞, 王淑娟. 黑龙江省科研院所科技创新能力评价的研究 [J]. 黑河学院学报, 2010, 1 (1): 126–128.

[20] 刘君, 许斌, 姚笑秋, 等. 科研院所创新能力提升评价研究与应用 [J]. 科技管理研究, 2012, 32 (7): 49–53.

[21] Gunday G, Ulusoy G, Kilic K, et al. Effects of innovation types on firm performance [J]. International Journal of Production Economics, 2011, 133 (2): 662–676.

[22] 张卫国, 柴瑜, 曹万立. 公益类科研院所科技创新能力评价实证研究 [J]. 重庆大学学报（社会科学版）, 2012, 18 (1): 77–82.

[23] 池敏青. 福建省属公益类科研院所综合创新能力实证评估 [J]. 科技管理研究, 2012, 32 (20): 116–119.

[24] Cheng Y L, Lin Y H. Performance evaluation of technological innovation capabilities in uncertainty [J]. Scientific Research & Essays, 2013, 13 (8): 501–514.

[25] 刘彤, 郭鲁刚, 杨冠灿, 等. 面向新型科研机构的科研院所创新发展评价指标体系 [J]. 科技进步与对策, 2014, 31 (4): 99–103.

[26] 李哲, 李超, 姚站馨, 等. 军事医学科研机构绩效考核指标体系的构建与应用 [J]. 解放军预防医学杂志, 2015, 33 (3): 354–356.

[27] Reagans R, Zuckerman E W. Networks, diversity, and productivity: the social capital of corporate R&D teams [J]. Organization Science, 2001, 12 (4): 502–517.

[28] 张浩, 冯林. 主成分分析法在高校科技创新能力评价中的应用 [J]. 武汉理工大学学报（信息与管理工程版）, 2004, 26 (6): 157–161.

[29] 唐炎钊. 区域科技创新能力的模糊综合评估模型及应用研究: 2001 年广东省科技创新能力的综合分析 [J]. 系统工程理论与实践, 2004, 24 (2): 37–43.

[30] 李广华. 山东高校科技创新能力评价研究 [D]. 天津: 天津大学, 2005.

[31] 李晓轩. 我国国立科研机构绩效评价的实践与思考 [J]. 中国科学院院刊, 2005, 20 (5): 395–398.

[32] Guan J C, Yam R C M, Mok C K, et al. A study of the relationship between competitiveness and technological innovation capability based on DEA models [J]. European Journal of Operational Research, 2006, 170 (3): 971–986.

[33] 关忠诚, 许惠, 熊慧琴. 基于模糊的偏好 DEA 在科研机构评价中的应用 [J]. 科研管理, 2007, 28 (2): 9–14.

[34] 张伟倩, 缪园. 组合评价模型在我国国立科研机构绩效评价中的应用 [J]. 科学学与科学技术管理, 2008, 29 (4): 36–40.

[35] 徐兆勇. 基于层次分析法的科研人员绩效评价模型研究［J］. 科研管理, 2009, 30 (s1): 115-118.

[36] 韩海彬, 李全生. 基于 AHP/DEA 的高校人文社会科学科研效率评价研究［J］. 高教发展与评估, 2010, 26 (2): 49-56.

[37] 陈洪转, 刘思峰, 胡海东. 基于双激励控制线的高校科研成果动态综合评价［J］. 科学学与科学技术管理, 2011, 32 (3): 129-133.

[38] 张守华, 孙树栋. 基于 AHP 和区间模糊 TOPSIS 法的高新技术科研项目评价［J］. 上海交通大学学报, 2011, 22 (1): 134-138.

[39] 李柏洲, 苏屹. 基于改进突变级数的区域科技创新能力评价研究［J］. 中国软科学, 2012, (6): 90-101.

[40] 欧忠辉, 朱祖平. 区域自主创新效率动态研究: 基于总体离差平方和最大的动态评价方法［J］. 中国管理科学, 2014, 19 (22): 78-787.

[41] Boly V, Morel L, Assielou N G, et al. Evaluating innovative processes in french firms: Methodological proposition for firm innovation capacity evaluation［J］. Research Policy, 2014, 43 (3): 608-622.

[42] Krejcl J, Stoklasa J. Fuzzified AHP in the evaluation of scientific monographs［J］. Central European Journal of Operations Research, 2016, 24 (2): 354-370.

[43] 游小珺, 杜德斌, 张斌丰, 等. 高校在国家知识创新体系中的作用评价: 基于部分创新型国家和中国的比较研究［J］. 科学性与科学技术管理, 2014, 35 (7): 89-97.

[44] 周晶晶, 沈能. 基于因子分析法的我国创新型城市评价［J］. 科研管理, 2013, (s1): 195-202.

[45] 汪晓梦. 区域性技术创新政策绩效评价的实证研究: 基于相关性和灰色关联分析的视角［J］. 科研管理, 2014, 35 (5): 38-43.

[46] 张海峰, 梁工谦, 张晶. 基于粒子群优化模糊神经网络的高技术知识创新评价［J］. 系统工程与电子技术, 2012, 34 (5): 973-976.

[47] 曹玲燕. 基于模糊层次分析法的互联网金融风险评估研究［D］. 合肥: 中国科学技术大学, 2014.

[48] 杨淇蕾, 李健. 基于模糊综合评价法的贵州省科研机构创新绩效评价指标体系［J］. 科技情报开发与经济, 2011, (13): 129-133.

[49] 刘春凤, 董建军, 郑飞云, 等. 模糊综合评价法在啤酒口感协调性品评中的应用［J］. 西北农林科技大学学报（自然科学版）, 2008, (3): 213-222.

[50] Atanassov K. Intuitionistic fuzzy sets［J］. Fuzzy Sets and Systems, 1986, 20 (1): 87-96.

[51] Atanassov K, Gargov G. Interval-valued intuitionistic fuzzy sets［J］. Fuzzy Sets and Systems, 1989, 31 (3): 343-349.

[52] Luo Y J, Wei G W. Multiple attribute decision making with intuitionistic fuzzy information and uncertain attribute weights using minimization of regret [C]. 2009 4th IEEE Conference on Industrial Electronics and Applications. Xi'an, China. 25-27 May 2009：3720-3723.

[53] Qian G, Xu Z H. Three optimization models based on ideal points for uncertain multi-attribute decision making [J]. Systems Engineering and Electronics, 2003, 25 (5)：517-519.

[54] 杨威, 庞永锋, 史加荣. 不完全权重信息的区间直觉模糊不确定语言TOPSIS方法 [J]. 模糊系统与数学, 2015 (2)：125-131.

[55] Xu Z S, Zhang X L. Hesitant fuzzy multi-attribute decision-making based on TOPSIS withincomplete weight information [J]. Knowledge-Based Systems, 2013, 52 (6)：53-64.

[56] Chen Z P, Yang W. An MAGDM based on constrained FAHP and FTOPSIS and its applicationto supplier selection [J]. Mathematical and Computer Modelling, 2011, 54 (11)：2802-2815.

[57] 李艳玲, 殷新丽, 杨剑. 区间直觉模糊决策中专家与属性权重确定方法 [J]. 计算机工程与应用, 2016, 52 (18)：158-161.

[58] Gerstenkorn T, Manko J. Correlation of intuitionistic fuzzy sets [J]. Fuzzy Sets and Systems, 2007, 17 (4)：39-43.

[59] Bustince H, Burillo P. Correlation of interval-valued intuitionistic fuzzy sets [J]. Fuzzy Sets and Systems, 1995, 74 (2)：237-244.

[60] Xu Z S. On correlation measures of intuitionistic fuzzy sets [C]. Lecture Notes in Computer Science, 2006, 4224：16-24.

[61] Xu Z S. Some similarity measures of intuitionistic fuzzy sets and their applications to multiple attribute decision making [J]. Fuzzy Optimization and Decision Making, 2007, 6 (2)：109-121.

[62] Xu Z H. A method based on distance measure for interval-valued intuitionistic fuzzy group decision making [J]. Information Sciences, 2010, 180 (1)：181-190.

[63] Asma Khalid, Mujahid Abbas. Distance measures and Operations in Intuitionistic and Interval valued Intuitionistic fuzzy soft set theory [J]. International Journal of Fuzzy Systems, 2015, 17 (3)：490-497.

[64] Xu Z H, Zhang X L. Hesitant fuzzy multi-attribute decision making based on TOPSIS with incomplete weight information [J]. Knowledge-Based Systems, 2013, 52 (6)：53-64.

[65] Liao H C, Xu Z H, Zeng X J. Novel correlation coefficients between hesitant fuzzy sets and their application in decision making [J]. Knowledge-Based Systems, 2015, 82 (C)：115-127.

［66］ Hong D H, Choi C H. Multi‑criteria fuzzy decision‑making problems based on vague set theory［J］. Fuzzy Sets and Systems, 1994, 67（2）：163‑172.

［67］ 刘华文. 多目标模糊决策的 Vague 集方法［J］. 系统工程理论与实践, 2004, 24（5）：103‑109.

［68］ 林志贵, 徐立中, 王建颖. 基于 Vague 集的多目标模糊决策方法［J］. 计算机工程, 2005, 31（5）：11‑13.

［69］ Wang J, Zhang J, Liu S Y. A new score function for fuzzy MCDM based on vague set theory［J］. International Journal of Computational Cognition, 2006, 4（1）：44‑48.

［70］ Lin L, Yuan X H, Xia Z Q. Multicriteria fuzzy decision‑making methods based on intuitionistic fuzzy sets［J］. Journal of Computer and System Sciences, 2007, 73（1）：84‑88.

［71］ Ye J. Using an improved measure function of vague sets for multicriteria fuzzy decision‑making［J］. Expert Systems with Applications, 2010, 37（6）：4706‑4709.

［72］ 王中兴, 罗雪鹏. 基于决策者风险偏好的直觉模糊数排序方法［J］. 模糊系统与数学, 2014, 28（06）：129‑136.

［73］ Zadeh L A. Fuzzy sets［J］. Inform and Control, 1965, 8（3）：338‑356.

［74］ 高建伟, 刘慧晖, 谷云东. 基于前景理论的区间直觉模糊多准则决策方法［J］. 系统工程理论与实践, 2014, 34（12）：3175‑3181.

［75］ 徐泽水. 区间直觉模糊信息的集成方法及其在决策中的应用［J］. 控制与决策, 2007, 22（2）：215‑219.

［76］ Park D G, Kwun Y C, Park J H, et al. Correlation coefficient of interval‑valued intuitionistic fuzzy sets and its application to multiple attribute group decision making problems［J］. Mathematical and Computer Modelling, 2009, 50（10）：1279‑1293.

［77］ 袁宇, 关涛, 闫相斌, 等. 基于区间直觉模糊数相关系数的多准则决策模型［J］. 管理科学学报, 2014, 17（4）：11‑18.

［78］ Grzegorzewski P. Distances between intuitionistic fuzzy sets and/or interval‑valued fuzzy sets based on the Hausdorff metric［J］. Fuzzy Sets and Systems, 2004, 148（2）：319‑328.

［79］ Shannon C E. A mathematical theory of communication［J］. Bell Sys Tech, 1948, 27（3）：379‑423.

［80］ Wang Y M, Chin K S. Fuzzy analytic hierarchy process：a logarithmic fuzzy preference programming methodology［J］. International Journal of Approximate Reasoning, 2011, 52（4）：541‑553.

［81］ Kaa G, Rezaei J, Kamp L, et al. Photovo‑ltaic technology selection：A fuzzy MCDM approach［J］. Renewable & Sustainable Energy Reviews, 2014, 32（5）：662‑670.

［82］ Wang Q, Wang H, Qi Z. An application of nonlinear fuzzy analytic hierarchy process in safety evaluation of coal mine［J］. Safety Science, 2016, 7（86）：78‑87.

[83] 郑业鲁,黄亮,陈琴苓,等. 农业科研机构项目管理信息系统研发[J]. 农业图书情报学刊,2005(2):233-237.

[84] 王梦娇,袁本广,林国晨,等. 农业科研机构科研管理信息系统的研发[J]. 农业网络信息,2016(5):87-89.

[85] 贾倩,毕经元,王立伟,等. 面向大型科研机构的知识管理系统设计[J]. 现代情报,2012(12):143-148.

[86] 陈婷. 高校科研管理系统的设计与实现[D]. 厦门:厦门大学,2014,6:1-79.

[87] 胡欣. 基于NET Framework平台的科研成果管理系统的设计与实现[D]. 长春:吉林大学,2015.

附录　广东省属科研机构创新能力评价管理系统使用说明书

广东省属科研机构创新能力评价管理系统采用的是现今主流的 Java Web 的编程技术进行设计开发，系统应用服务器采用 Tomcat，数据库为 MySQL 5。整个网站及后台管理系统易操作易维护。

整个系统采用统一的人性化的操作界面，所有模块的操作方法基本相同，各种操作界面的布局及各种按钮的形状和位置基本固定，用户可以在较短的时间完全掌握系统的各种操作方法。

一、系统登录

打开浏览器，在地址栏中输入系统访问地址"http://120.25.224.179:8080/Guangdong/"，即可进入系统的登录页。

1. 创建系统访问快捷方式

为了减少每次登录本系统都要输入系统地址的麻烦，可在桌面创建一个快捷方式，以后要使用系统只要双击该快捷方式即可进入系统的登录页。创建系统快捷方式步骤如下：

（1）用鼠标右键单击桌面，在弹出的菜单中选择"新建"→"快捷方式"（图1）。

图1

(2)在弹出的"创建快捷方式"窗口输入系统访问地址,点击"下一步"(图2)。

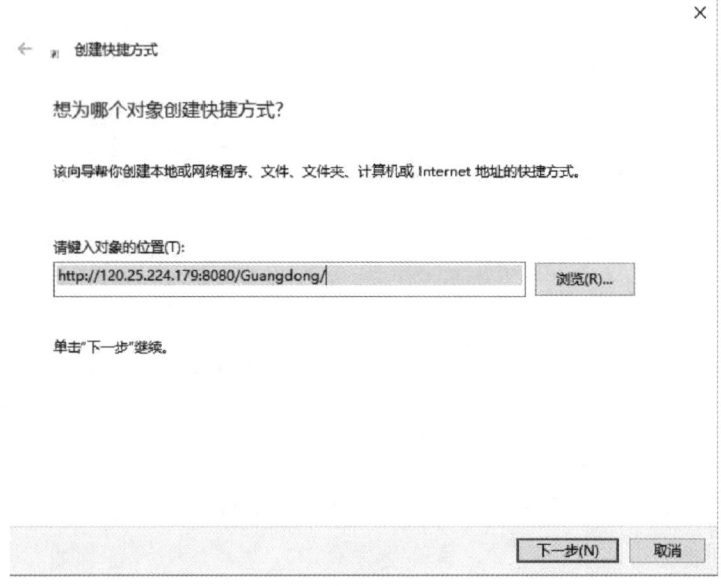

图2

(3)在"键入该快捷方式的名称"中输入"广东省属科研机构创新能力评价管理系统",点击"完成"(图3),系统快捷方式创建完成。

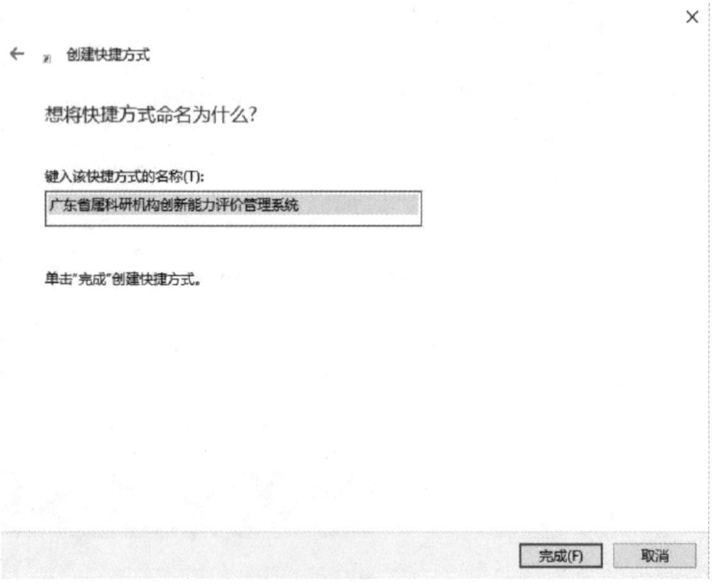

图3

附录　广东省属科研机构创新能力评价管理系统使用说明书

2. 用户注册

本系统的用户主要分为三类：管理员、企业、访客。对每一类用户设置了相应的系统登录方式。管理员无须注册，初始管理员用户名为 admin，密码为 12345，该用户拥有系统的最大使用权限；访客则是使用默认的用户名和密码进行登录，无须注册；企业用户则需通过注册并且通过系统管理员的审核后才可登录本系统。

注册界面如图4所示，企业用户需填写其中的每一项信息，并且确保所填写的信息无误，其中用户名为唯一值，保存后则会提交至后台由管理员审核（图5），待管理员审核通过后，才可使用所注册的用户名或 Email 地址进行登录。

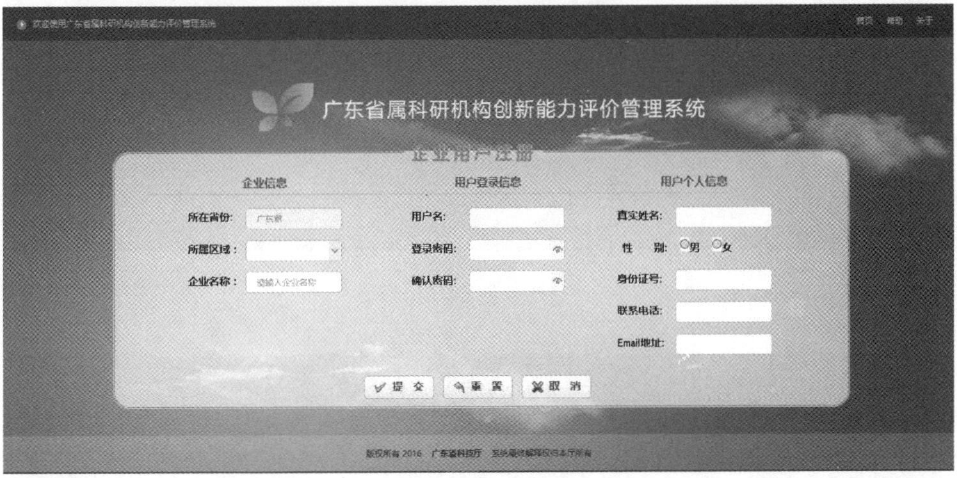

图4

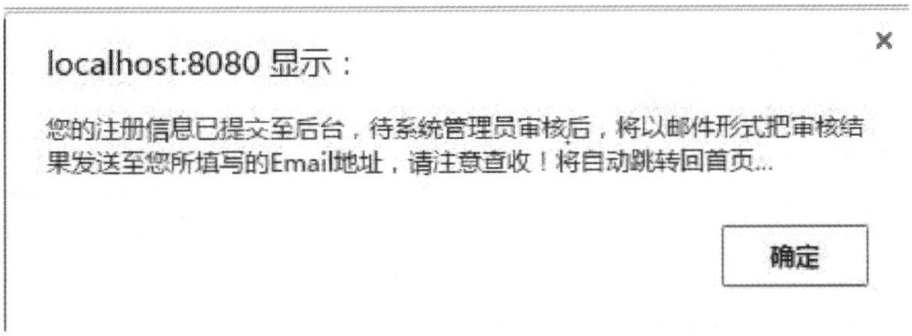

图5

3. 登录系统

在浏览器中输入系统访问地址后，即进入系统登录主界面（图6）。点击对应的用户类型，进入用户名和密码输入界面（图7），用户可以通过注册时填写的用户名或Email地址登录系统。登录成功后则直接跳转到系统的主界面。

图6

图7

附录　广东省属科研机构创新能力评价管理系统使用说明书

　　若所填写的用户名或 Email 地址不存在，系统则提示用户该用户名不存在（图8）；若用户名或 Email 地址填写正确但未通过管理员的审核，系统提示未通过审核（图9）；若密码输入不正确系统则提示密码错误（图10）。

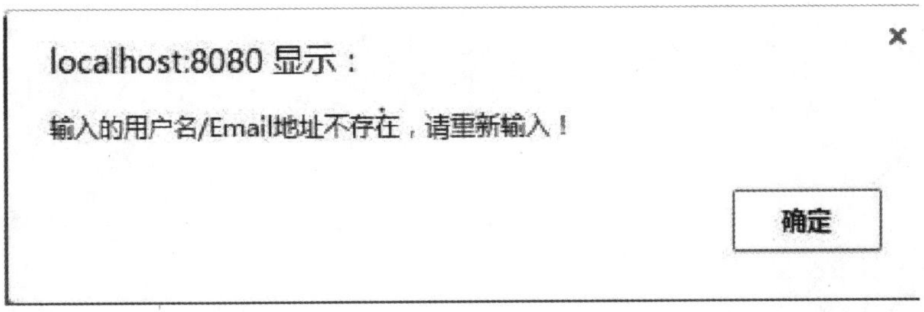

图8

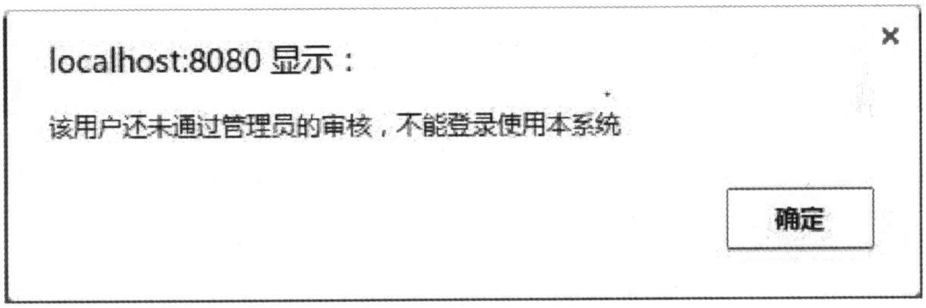

图9

图10

若用户忘记密码，则点击"忘记密码"，跳转到"重置密码"界面（图11），输入身份证号、Email 地址校验正确后即可重置登录密码。

图 11

二、系统主界面

用户登录成功后，进入系统的主界面，如图 12 所示。

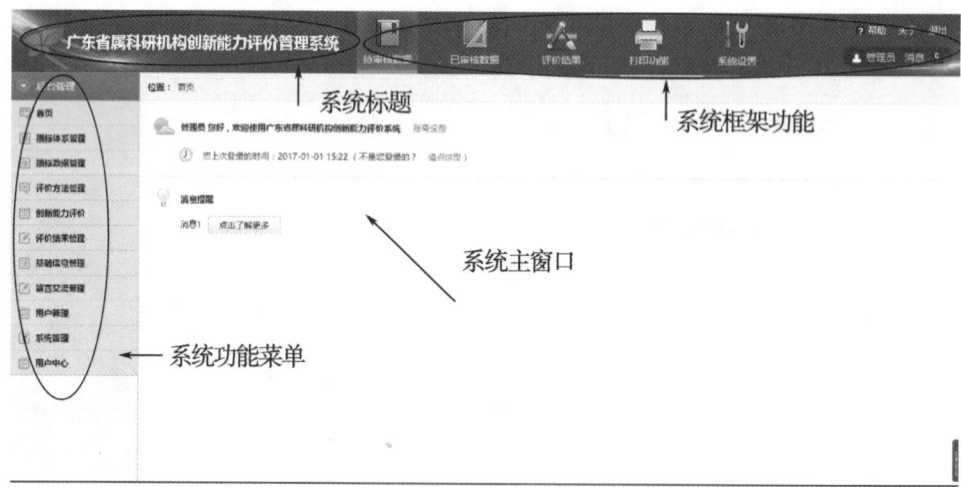

图 12

附录　广东省属科研机构创新能力评价管理系统使用说明书

1．系统标题

显示系统名称，点击该系统名称图片可直接返回到系统主界面。

2．系统框架功能

系统暂未开放该功能。用户可点击"退出"按钮正常退出系统，系统将返回到登录主界面。

3．系统功能菜单

系统功能菜单分类列出当前登录用户所拥有权限的所有系统功能，点击功能名称，即可进入相应的系统功能。

4．系统主窗口

显示用户点击功能菜单相应功能的界面，为用户的主要操作界面。

三、系统常用操作方法

1．列表显示

点击功能菜单，系统进行功能模块的默认页面即为列表显示相关的记录信息。在记录的单条添加、删除和显示详细信息等表格操作的时候也可以返回到列表显示状态（图13）。

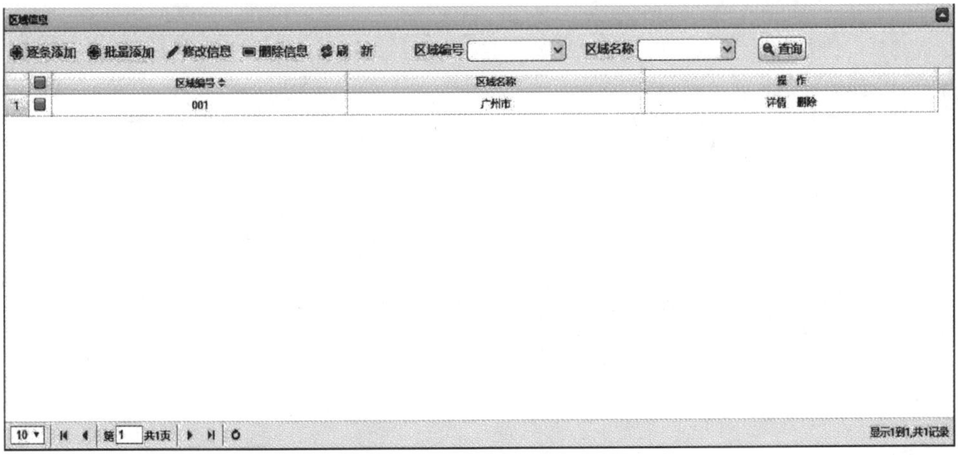

图13

2．分页显示

在列表页面，系统对每一张表格都设置了分页显示（图14），从左到右依次为：每页显示的记录数、首页、上一页、当前页数、下一页、尾页、刷新。用户点击"每页显示的记录数"的下拉框时，系统弹出五种记录数显示条数（图

159

15），用户点击相应的显示条数，列表即按照用户的选择显示相应的记录数，默认为每页显示10条记录。

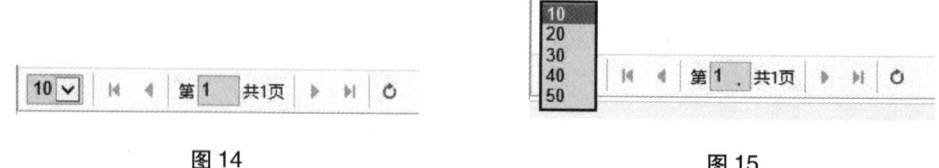

图14　　　　　　　　　　　　　图15

3. 查询

在查询界面，如无特别要求，查询条件可根据需要输入一个或多个进行综合查询，点击"查询"，相应的列表将显示查询的结果记录。

4. 排序

5. 新增记录

在列表页面，点击添加信息按钮，如"逐条添加"，系统将弹出新增单条记录的对话框，输入记录信息，点击"保存"，系统将保存新增记录信息，并返回到列表状态。点击"取消"，将直接返回到列表状态。也可批量添加信息，点击如"批量添加"，系统将打开新增多条记录的选项卡，并进入批量添加的页面，如图16所示。

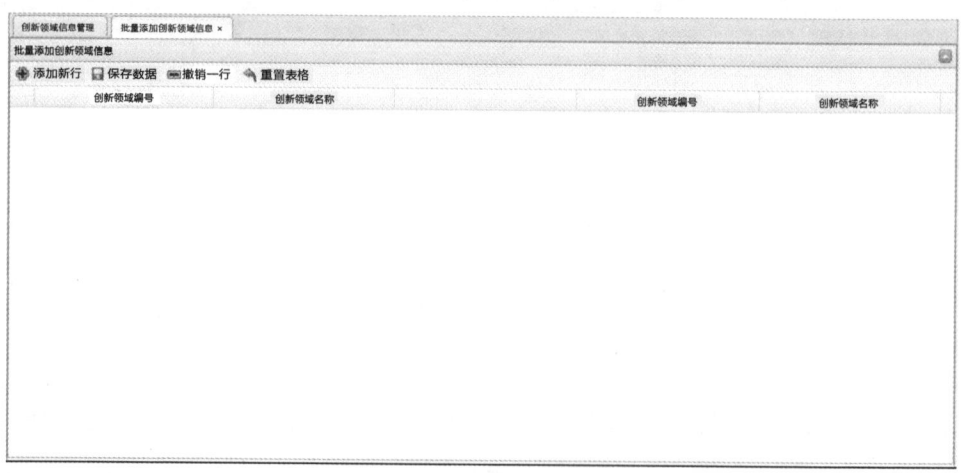

图16

点击"添加新行"，将会在当前批量添加表格中添加一行编辑行；点击"保存数据"，即可将当前录入的所有新增数据一并保存到数据库中，并返回到批量添加页面的初始状态；点击"撤销一行"，可对当前新增的所有行的任意一行进

附录　广东省属科研机构创新能力评价管理系统使用说明书

行删除；点击"重置表格"，将会清空当前添加的所有行以及输入的所有数据。

6. 显示详细信息

在列表页面，点击记录的操作区的"详情"，系统将弹出该记录的详情对话框，在显示详细信息的对话框不可对记录进行修改；点击"关闭"，即可关闭对话框，并返回到列表状态。

7. 编辑记录

在列表界面，点击列表中的某条记录，然后点击列表的功能区的"修改信息"，系统将弹出该记录的编辑对话框，修改完信息后，点击"保存"，系统保存修改结果；点击"取消"，系统将直接返回到列表界面。

8. 删除记录

在列表显示界面（图17）中，可通过选中记录左边的选中框选中要删除的记录，也可直接点击要删除的行记录。当该行被选中时，该行的背景颜色为橙色，然后点击列表的功能区的"删除信息"，系统将弹出删除确认框（图18），确定后系统删除选中的记录；当删除单条记录时，也可通过点击该条记录后的"删除"，对该行记录进行删除。

图17

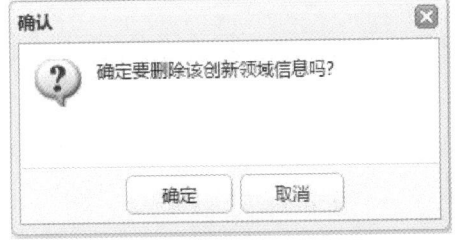

图18

9. 编辑输入

在新增或编辑界面，需要对数据项进行编辑输入，对于必填的数据项，编辑框为红色，并且光标在该编辑框时，提示该项为必输项，如"该输入项为必输项"。当用户输入或编辑框不是必填项时，编辑框为蓝色状态，如"A企业"。对于密码输入的编辑框，一般均有二次输入校验无误的操作，如两次输入的密码不一致，则显示"两次输入的密码不匹配"，点击密码编辑框右侧的 👁 按钮，即可显示所输密码。

10. 下拉输入

在查询条件区或新增、编辑页面，部分内容是通过下拉框进行输入，如"企业名称"，下拉框是可编辑的，用户可在下拉框内输入内容，也可通过点击下拉列表的下拉选项。当该选项是必填项时，下拉框呈红色状态，并提示此为必填项，如"该输入项为必输项"，若该项不是必填项，下拉框呈蓝色状态。

11. 日期输入

在查询区，某些查询条件需要通过输入日期时间型数据进行查询，系统提供了日期时间输入框，如"留言时间"，用户可在编辑框内自行输入日期，也可点击编辑框右侧的日期按钮打开日期时间选择页面，如图19所示。在打开的页面中，默认为系统的当前时间，用户可通过该栏选择日期数据，点击 ⏮ 或 ⏭ 可改变年份，点击 ◀ 或 ▶ 可改变月份，也可直接点击年月数字来选择年份和月份，如图20所示。

图19

图20

在时间编辑框中，可手动输入时间，也可通过点击对应的时分秒，然后通过编辑框右侧的加减微调器对时间进行调整。时间日期选择框有"今天""不确定""关闭"三个选项。调整好日期时间后，点击"确定"，即可完成对日期时间的输入；点击"今天"，则默认为当前的系统时间；点击"关闭"，则关闭该时间日期选择框。

12. 表格高亮显示

在显示创新能力评价结果时，若企业的综合得分高于90分，则该综合得分高亮显示为黄色，如图21所示（图中的数据仅为示例，具体见系统的实现）。

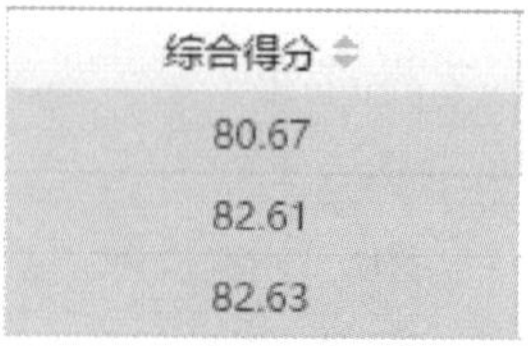

在查询显示用户信息、留言信息时，若该用户未进

综合得分 ⇅
80.67
82.61
82.63

图21

附录　广东省属科研机构创新能力评价管理系统使用说明书

行审核或该留言未回复，则整条记录高亮显示为蓝色，如图22所示。

| 2017215191843 | A企业 | 本企业的2017年的指标数据已提交，望及时审核！ | 2017-02-15 19:18:43.0 | 未回复 | 评估 |

图22

13．折线图显示

在评价结果显示界面，需要借助折线图进行展示，如图23所示。

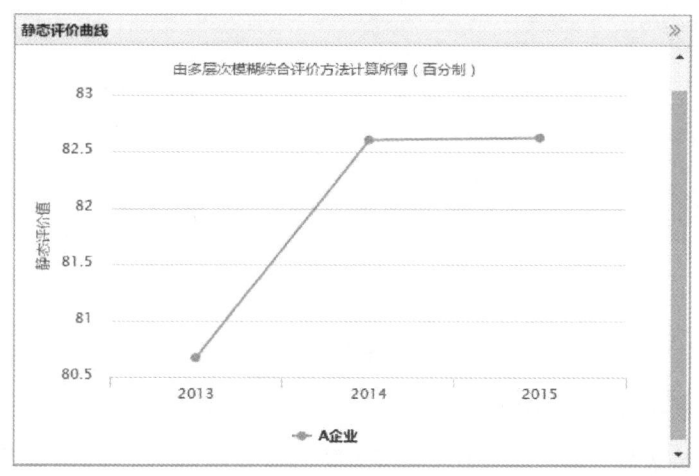

图23

将光标放到折线图上时，可查看该条折线上的数据，如图24所示。

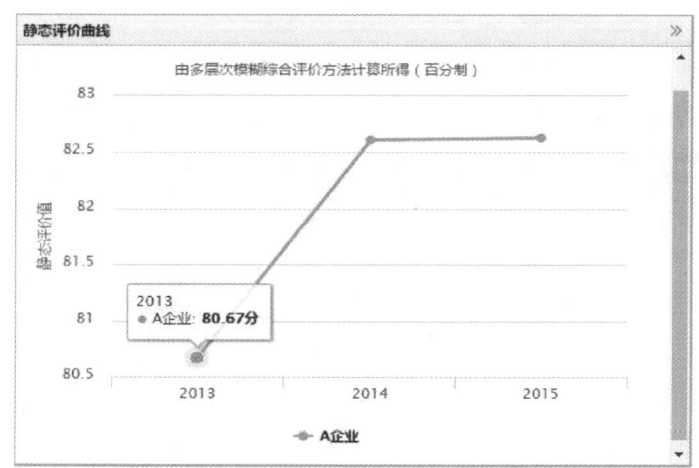

图24

点击折线图底部的图例，可将折线进行隐藏，如图25所示。再点击图例，即可显示该折线。

图25

14. 手风琴（accordion）显示

在评价结果管理模块，通过手风琴分割显示各功能操作区，如图26所示。

图26

当某一手风琴面板处于打开状态时，该面板头部为橙色，若处于收起状态，则面板头部为蓝色，如图27所示。

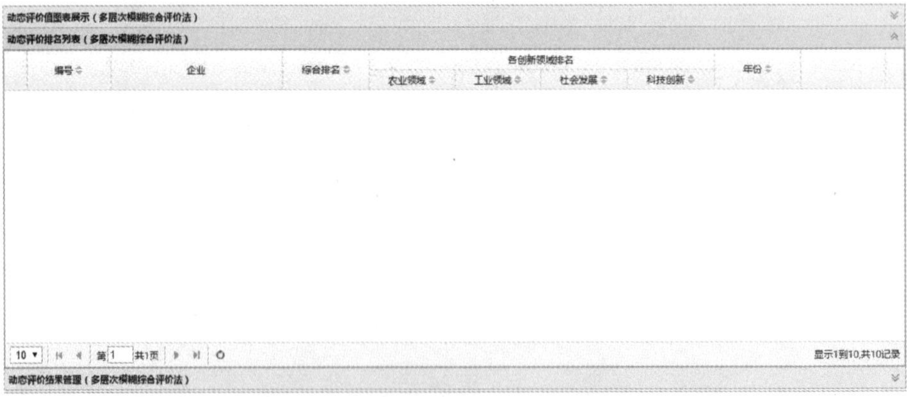

图27

附录　广东省属科研机构创新能力评价管理系统使用说明书

点击手风琴面板标题栏右侧的 ∧ 或 ∨ 可调整面板的向上收起和向下展开。

15. 可折叠面板显示

在评价结果显示界面中，通过可折叠面板将窗口分成两部分进行显示，将光标置于两个折叠面板中间，光标会变成一个双向箭头，此时可根据需要调整两个面板的显示大小，如图28所示。

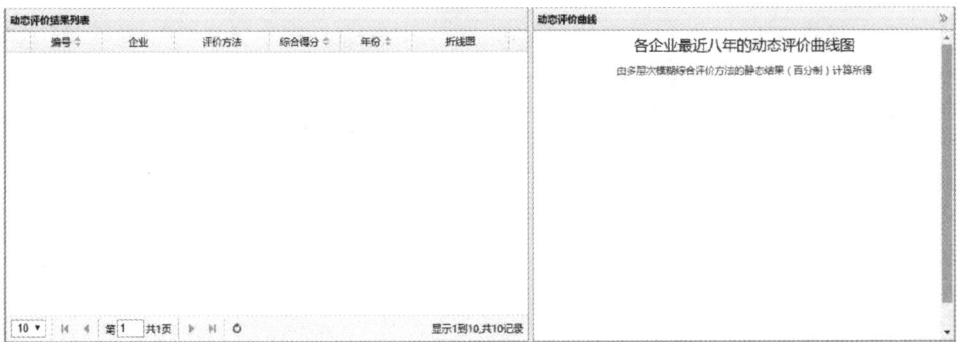

图 28

点击右侧折叠面板顶部栏右侧的 》 或 《 可调整折叠面板的向右收起和向左展开，图29为向右收起折叠面板。

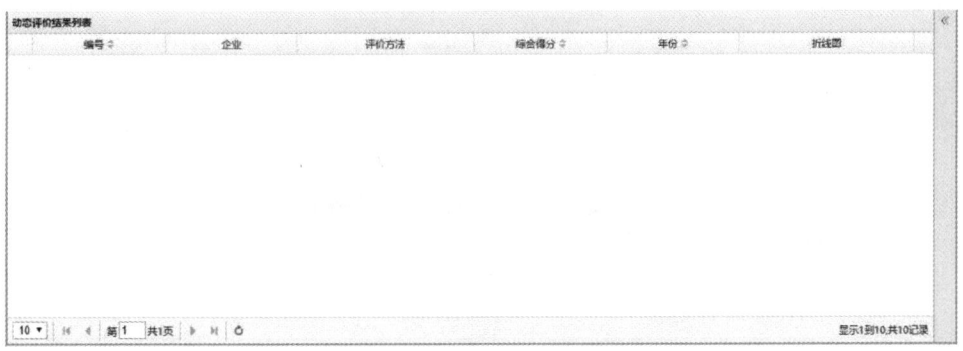

图 29

16. 导出至 Excel

系统的部分界面提供了导出到 Excel 的功能，点击"导出为 Excel 表格"，可以将当前页面的数据下载至本地，数据保存格式为 .xls，用户可通过 Excel 来打开对其进行相关的操作。

四、系统初始化

系统在供企业用户进行使用前,需管理员对相关的功能进行初始化操作,只有经过初始化后的系统才能给企业用户使用以及管理员对企业进行创新能力评价。

1. 判断矩阵录入

判断矩阵的录入是为了让系统计算相关方法的权重数据,并保存到数据库中,只有保存了指标体系相应的权重数据,本系统才能进行相应的创新能力评价,在进行了判断矩阵录入后,也才可进行权重的查看。

点击"评价方法管理",分别对"多层次模糊综合评价法"和"直觉模糊评价法"的判断矩阵进行录入。判断矩阵录入的主界面采用了统一的设计风格,管理员在了解了其中一个方法的判断矩阵的录入之后,即可操作另一个方法的判断矩阵的录入。下面以多层次模糊综合评价法的判断矩阵的录入为例,详细讲解判断矩阵录入的操作。

依次点击"评价方法管理"→"多层次模糊综合评价法",即可打开多层次模糊综合评价法的主窗口,在主窗口中默认打开的是判断矩阵的录入界面,如图30 所示。

图30

该窗口分为上下两个部分,上半部分为指标类型的选择区,下半部分为录入窗口,初次进入该主窗口时为提示窗口,在选择了指标类型后则显示判断矩阵的录入窗口。

管理员需严格按照从一级指标到二级指标再到三级指标的顺序对判断矩阵进

附录 广东省属科研机构创新能力评价管理系统使用说明书

行录入,并且录入的数据必须满足所规定的格式。

(1)录入一级指标的判断矩阵。管理员只需选择创新领域即可,默认即为录入该创新领域的一级指标的判断矩阵(一级指标的复选框默认为被选中状态),如图31所示。点击"确定"按钮,则在下方窗口显示该创新领域的一级指标的判断矩阵录入界面,如图32所示。管理员在输入完所有的数据后,点击"保存",系统根据录入的判断矩阵计算相应的权重值,并保存该权重值,则该创新领域的一级指标的权重计算完成。

图 31

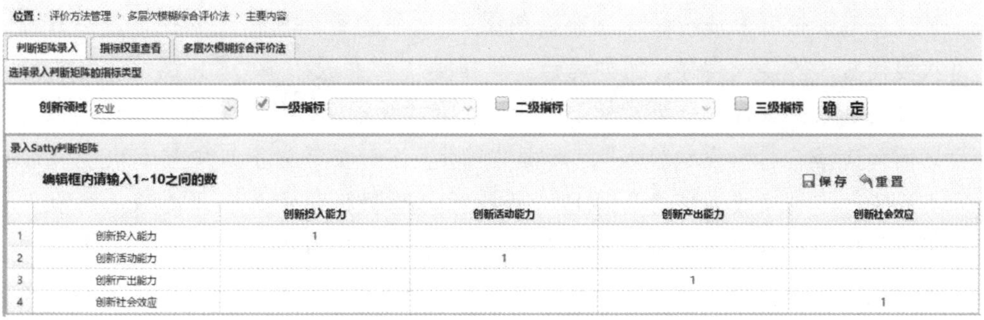

图 32

(2)需录入二级指标的判断矩阵。管理员点击二级指标的复选框,表示此时录入的是二级指标的判断矩阵,同时一级指标的下拉框为活动必填状态,如图33所示。点击一级指标的下拉列表,依次选择各一级指标,例如选择一级指标"创新投入能力",表示此时需要录入的是农业领域的一级指标"创新投入能力"下的二级指标的判断矩阵,点击"确定",则会在下方窗口中显示该二级指标的判断矩阵的录入界面,如图34所示。填写完毕后点击"保存"即可。然后再回到选择区的一级指标下拉框中依次选择其他的一级指标,进行同样的操作,当完成一级指标下拉列表中所有的一级指标对应的二级指标的判断矩阵的录入后,即完成了所选领域的二级指标的权重的计算。

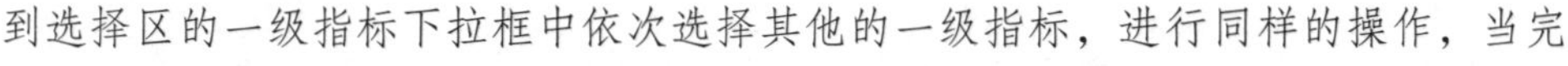

图 33

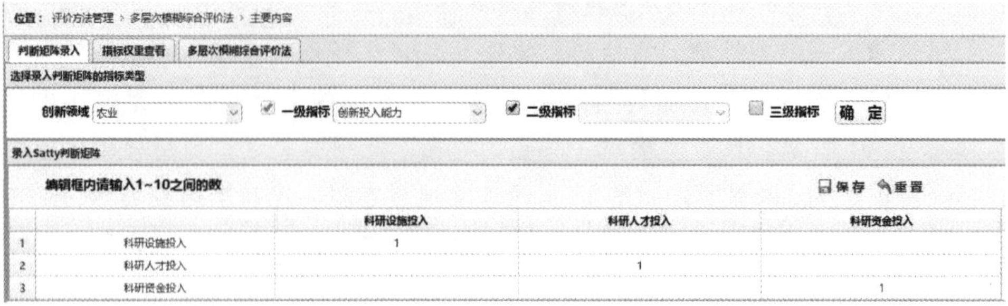

图34

（3）录入三级指标的判断矩阵。与二级指标的判断矩阵的录入的操作过程类似，需点击三级指标的复选框，表示此时录入的是三级指标的判断矩阵，同时二级指标的下拉框为活动必填状态，如图35所示。需先选择一级指标，然后再依次选择对应的二级指标，例如选择一级指标"创新投入能力"，然后二级指标的下拉列表中为所选的一级指标下对应的所有二级指标，然后依次选择该二级指标，例如选择"科研设施投入"，点击"确定"，则在下方窗口中显示农业领域的一级指标"创新投入能力"下的二级指标"科研设施投入"下对应的所有三级指标的判断矩阵录入界面，如图36所示。填写完毕后点击"保存"即可。然后再回到选择区中的二级指标下拉框中依次选择其他的二级指标，进行同样的操作。完成二级指标的选择之后，又回到一级指标的下拉列表中，选择下一个一级指标，然后再依次选择对应的二级指标，重复此步骤，直到完成所有一级指标对应的二级指标、三级指标的判断矩阵的录入。至此完成了该创新领域的指标体系的每一个指标的权重值的计算。

图35

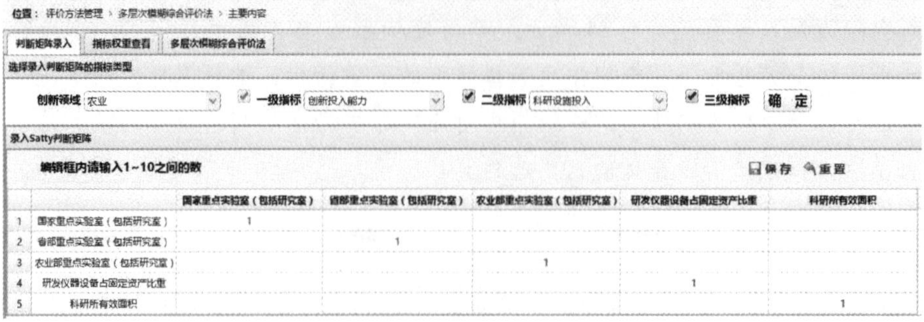

图36

要对另一个创新领域进行判断矩阵录入时,在创新领域的下拉框中选择,然后重复以上的(1)(2)(3)步骤即可。

2. 区域信息录入

管理员需先对广东省的区域信息进行录入,只有在结束对区域信息的录入后企业用户才可注册使用本系统。

点击"基础资料管理"→"区域信息管理",按照系统常用操作说明中的对表格的操作,可选择逐条添加或批量添加区域信息;点击"保存",系统保存所录入的结果。

3. 系统邮箱地址设置

邮箱地址用于系统发送邮件给企业用户,管理员需先对系统预设置的邮箱地址进行修改,确保系统能正常发送邮件到企业用户。

点击"系统设置"→"邮箱地址设置",将打开邮箱地址设置窗口,如图37所示。

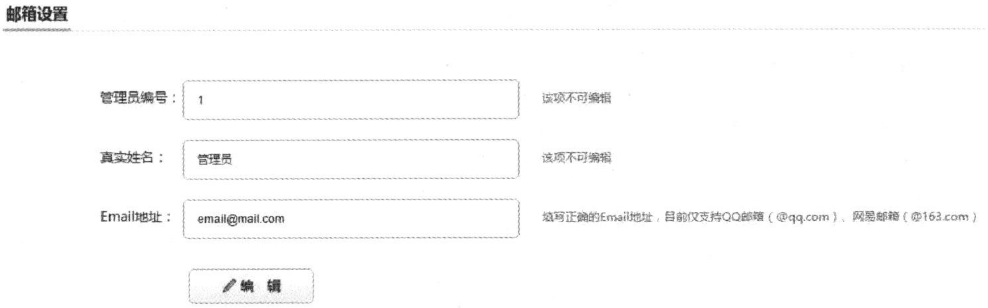

图 37

点击"编辑",Email 地址输入框即可进入编辑状态(目前系统仅支持QQ邮箱和网易邮箱),修改完成后点击"保存"即可。

五、管理员主界面

系统管理员对系统拥有绝对的操作权限,根据其职能划分出的功能模块如图38所示。

1. 首页

系统暂未开放此功能。

2. 指标体系管理

在指标体系管理的功能模块中，管理员可实现对指标的增加、删除、修改和查询，主要是实现对各指标领域的指标体系的建立与维护。

（1）新增指标。

管理员可通过新增指标逐层建立起各创新领域的指标体系。图 39 为一级指标的添加界面，点击"添加新行"，即可根据需要添加若干条一级指标数据，实现批量添加的操作。管理员需先选择一级指标所对应的创新领域，如图 40 所示。在选择了创新领域之后，系统会对该一级指标编号进行自动赋值，管理员只需填写完整该一级指标的名称即可。在完成录入后，点击"保存数据"，系统保存所录入的一级指标数据。

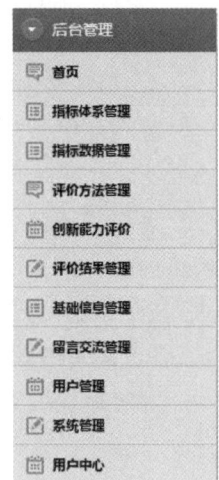

图 38

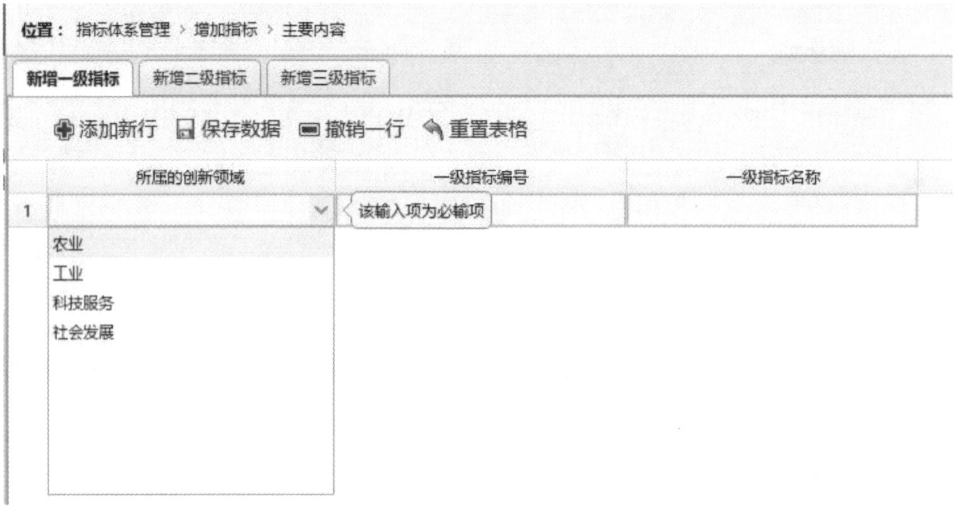

图 39 一级指标添加的初始界面

图 40 一级指标添加的编辑行

点击"新增二级指标"的选项卡,切换至如图41所示二级指标的添加界面,管理员需先依次选择"创新领域"和其所对应的"一级指标",然后再点击"添加新行",即可在下方添加一行该领域下的一级指标所对应的二级指标的输入行,如图42所示系统自动对二级指标的编号进行赋值,管理员将二级指标的名称填写完整后,可继续点击"添加新行",继续对该领域下的一级指标所对应的二级指标进行添加,也可更换该领域下的一级指标,或是更换另一个创新领域进行二级指标的录入,重复以上的操作即可。

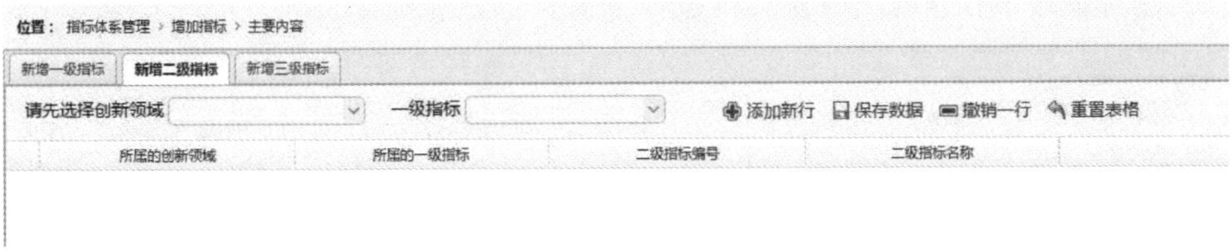

图41 二级指标添加的初始界面

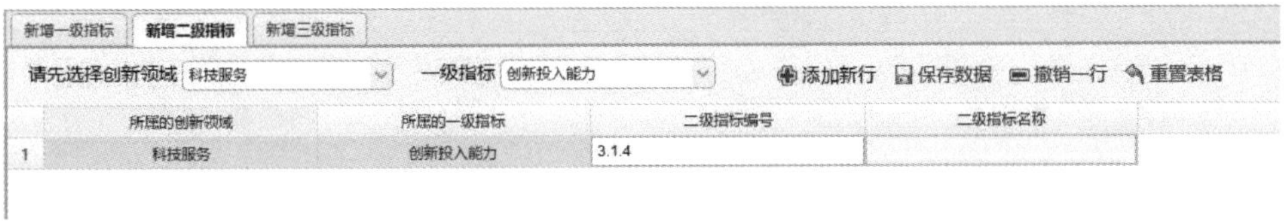

图42 二级指标添加的编辑行

点击"新增三级指标"的选项卡,切换至图43所示三级指标的添加界面,与添加二级指标的操作类似,管理员先依次选择创新领域和其所对应的一级指标、二级指标,点击"添加新行"即可在下方添加三级指标录入的行,如图44所示。

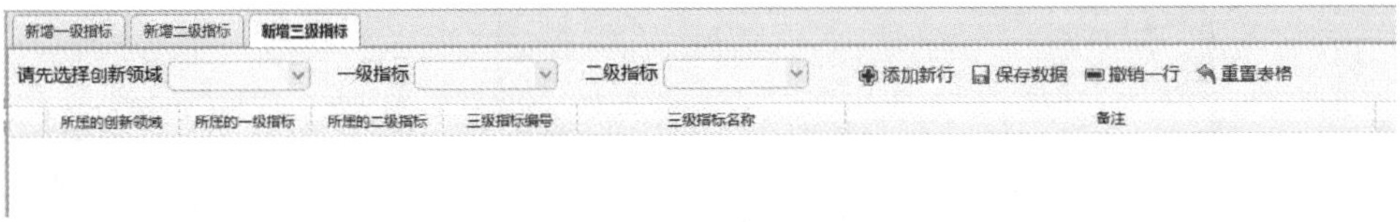

图43 三级指标添加的初始界面

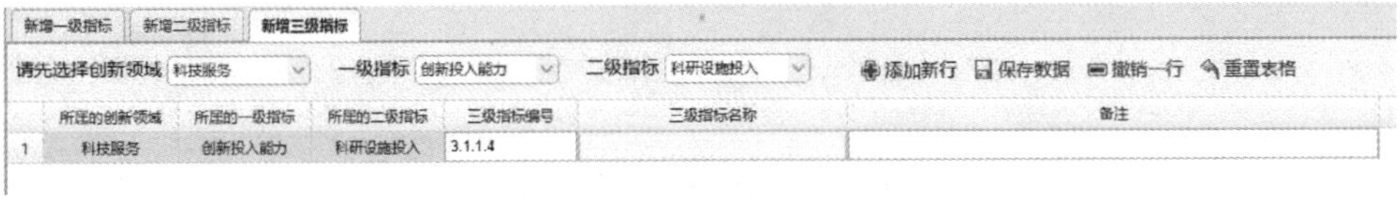

图44 三级指标添加的编辑行

系统对三级指标编号自动赋值，管理员只需将三级指标名称填写完整，可选填备注信息，参考二级指标添加的操作，完成对三级指标的录入。

（2）修改指标。

在"修改指标"的功能模块中，管理员可对各个领域的各级指标进行相关的修改。图45为一级指标修改的界面，管理员可对一级指标列表中的各条记录进行选择，选中记录后，点击"修改信息"，即弹出一级指标修改的对话框，如图46所示。管理员可根据对话框中的提示对指标进行相应的修改。二级指标、三级指标的修改操作与一级指标的操作类似。

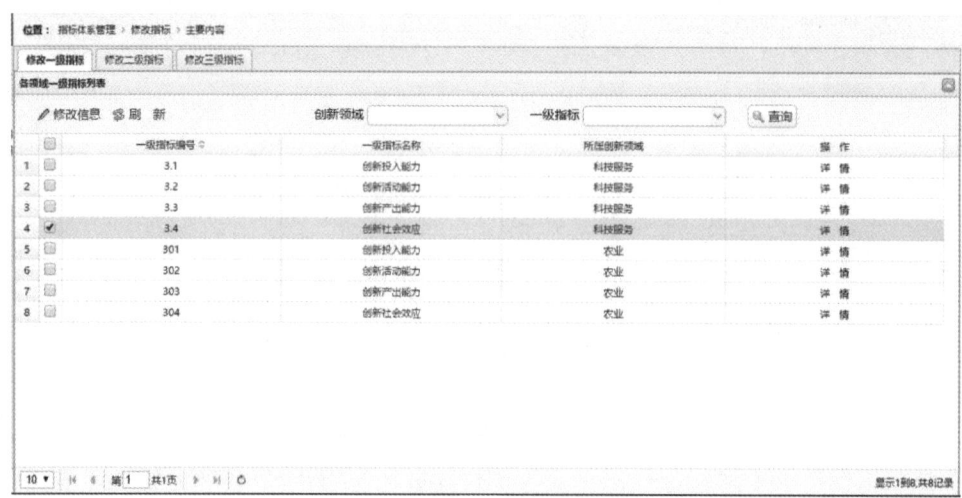

图45　一级指标修改的初始界面

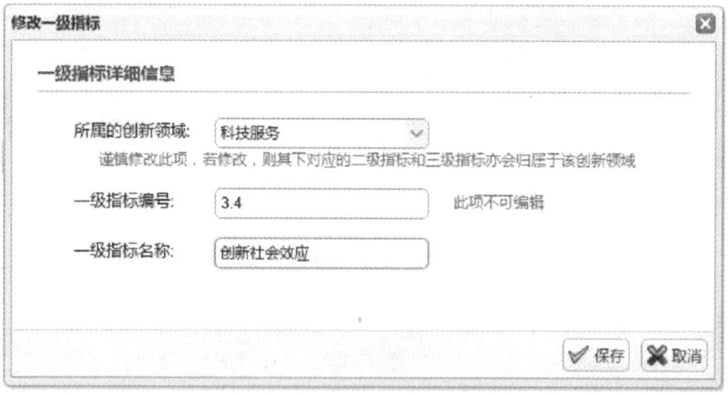

图46　修改一级指标的对话框

(3) 删除指标。

管理员可通过"删除指标"功能对指标进行删除操作。图47所示为删除一级指标的初始界面，管理员可对一级指标列表中的要删除的记录进行单条或多条的选择，点击"删除信息"，即可对选中的记录进行批量删除。也可点击每条记录后的"详情"链接，查看该一级指标的详细信息。需要注意的是，在删除一级指标的同时，会删除该一级指标下对应的所有二级指标和三级指标，同样的，在删除二级指标时，将同时删除该二级指标下对应的所有三级指标，所以需谨慎删除。

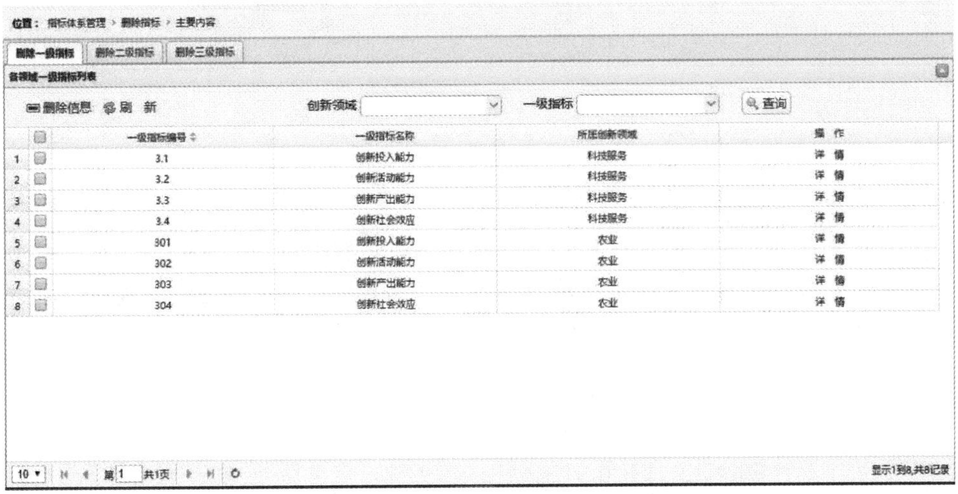

图47 删除一级指标的初始界面

(4) 指标体系。

在"指标体系"的功能模块中，管理员可对各个创新领域的指标体系进行查看。如图48所示，每个选项卡表示一个创新领域，点击相应的选项卡即可查看对应领域的指标体系，点击"导出至Excel"即可将该指标体系下载至本地，数据保存格式为.xls。

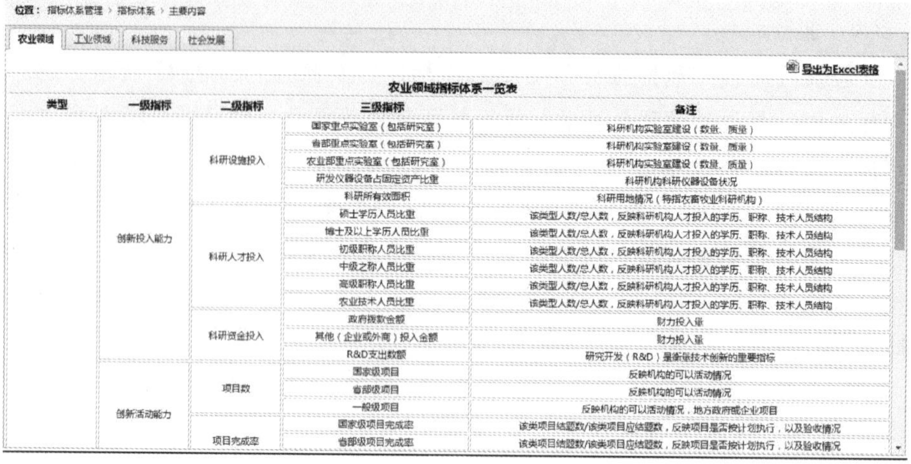

广东省属科研机构创新能力评价研究：方法、应用及管理系统

图48

3. 指标数据管理

在"指标数据管理"功能模块中，管理员可实现对指标数据的管理，主要为审核数据、查看数据、录入数据、修改数据、删除数据五个子功能。该功能模块采用统一的界面设计，各个子功能的主窗口布局相似，在各个子功能中，查询的操作方式均相同。

（1）审核数据。

该功能用于给管理员审核各企业用户录入的指标数据。

点击"审核数据"，打开的主窗口如图49所示，每一个选项卡对应每一个创新领域，选项卡以下分为两个区域，一个是操作功能区，一个是显示面板，用于显示对应领域的体系，以及对应的指标数据。

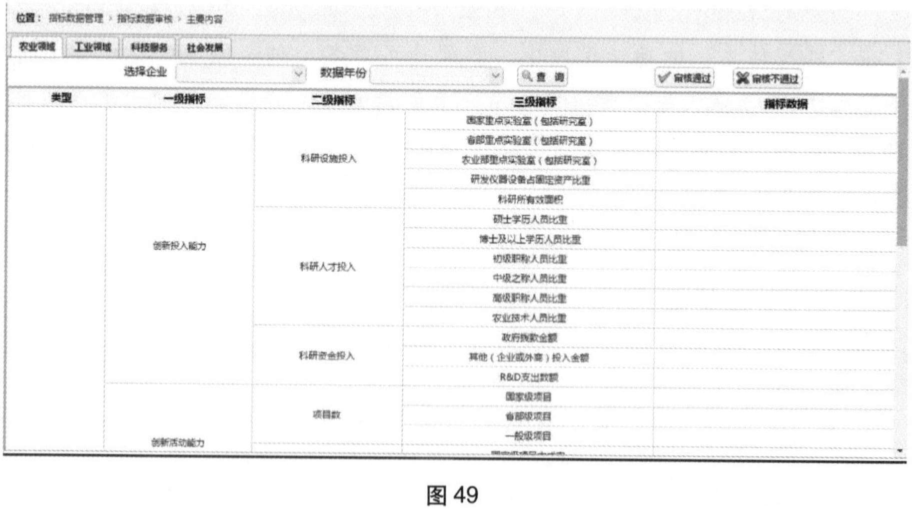

图49

附录　广东省属科研机构创新能力评价管理系统使用说明书

选择一个创新领域，在操作功能区，"选择企业"的下拉菜单中，加载的是数据库中所选创新领域的未审核的指标数据对应的所有企业，数据年份将根据企业的选择联动加载该企业对应领域中未审核数据的年份。管理员通过选择企业和数据年份，再点击"查询"按钮，即可在显示面板中查看到该企业对应年份未审核的指标数据，如图50所示。

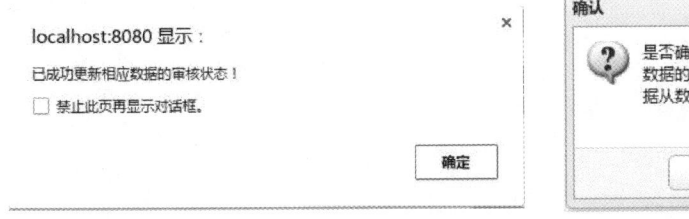

图50

管理员在查看了数据后，可通过点击操作功能区右侧的"审核通过"或"审核不通过"按钮，执行相应的操作。若点击"审核通过"的按钮，将改变当前所选的企业该创新领域该年份的指标数据的审核状态，即由"未审核"转换为"已审核"，操作成功提示信息如图51所示。若点击"审核不通过"按钮，对应的指标数据将从数据库中删除，"确认"提示信息如图52，操作成功提示信息如图53所示。

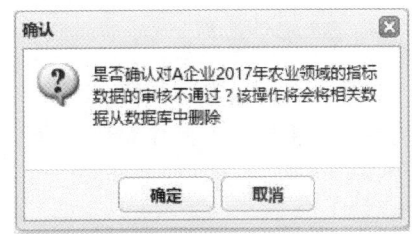

图51　　　　　　　　　　　　　　　　图52

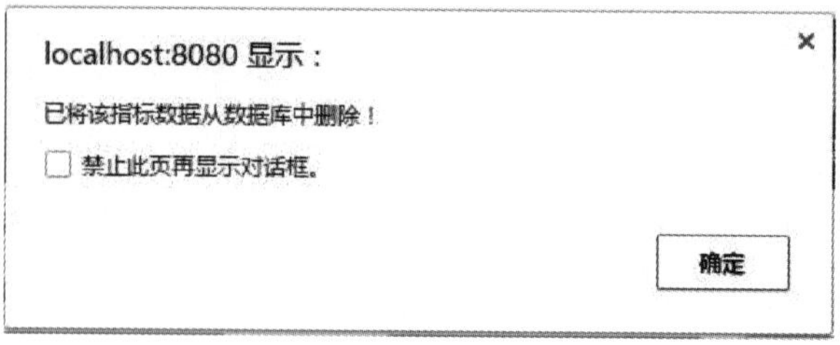

图 53

（2）查看数据。

该功能用于查看各个领域各企业相关年份的已审核的指标数据。

点击"查看数据"，打开的窗口如图 54 所示。查询操作与"审核数据"的查询操作相同。

图 54

（3）录入数据。

该功能用于为指定的企业录入指标数据，系统默认录入的数据年份为当前系统的时间年份，不允许管理员输入该数据年份。主界面如图 55 所示。

附录　广东省属科研机构创新能力评价管理系统使用说明书

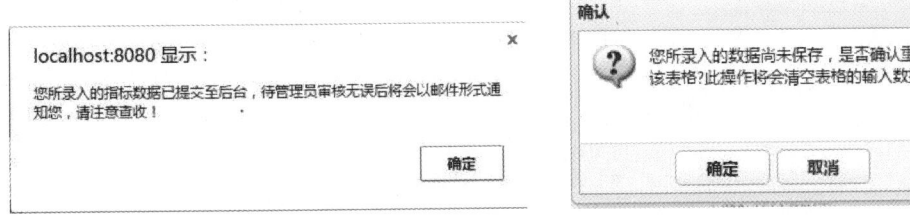

图55

管理员点击相应领域的选项卡，即可进入到该领域的指标数据的录入界面，选择企业，在相应领域的指标体系中输入对应指标的数据，若缺少某一指标的数据，可置空或输入"0"，全部录入完毕后，管理员点击功能区的"提交"按钮，即可将数据提交至后台，操作成功的提示信息如图56，返回时会刷新界面，可重新选择企业继续进行录入。若点击"重置"按钮，将会重置表格中已录入的数据，提示信息如图57所示。

图56　　　　　　　　　　　　　　图57

（4）修改数据。

该功能用于修改指定企业某一年份的某创新领域的指标数据，主界面如图58所示。

177

图 58

管理员选择相应的创新领域的选项卡，先通过查询功能，将所要修改的指标数据在显示面板中进行显示，然后再进行修改。点击功能区的"保存修改"按钮，将会将所做的修改保存到数据库中，操作成

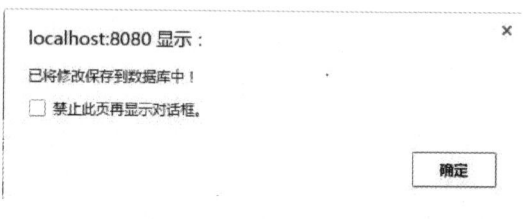

图 59

功的提示信息如图 59 所示；点击"取消"按钮，将会放弃当前所做的修改，重新加载原始数据，提示信息如图 60 所示。

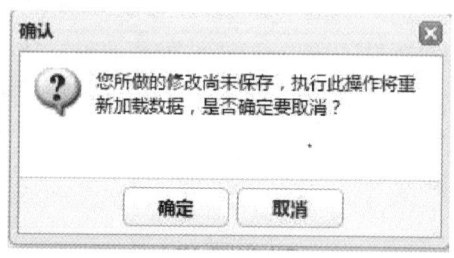

图 60

（5）删除数据。

该功能用于对指定企业某一年份某一创新领域的指标数据执行删除操作，该操作将相应的指标数据从数据库中删除，若有必要请先进行备份操作。主界面如图 61 所示。

附录　广东省属科研机构创新能力评价管理系统使用说明书

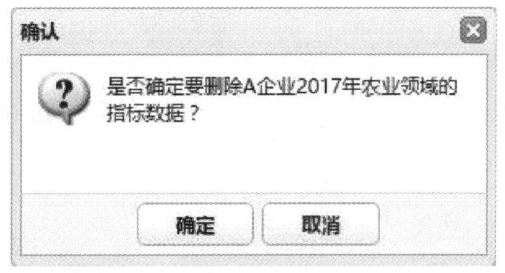

图 61

管理员选择相应领域的选项卡后，先通过查询操作，将相应的指标数据在显示面板中进行显示，若确认删除，则点击功能区的"删除"按钮，确认信息如图 62 所示。确认后将会将数据从数据库中删除，操作成功的提示信息如图 63 所示。

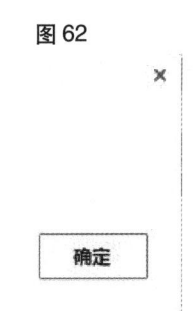

图 62

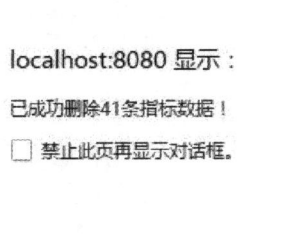

图 63

4. 评价方法管理

评价方法管理模块是对本评价系统的两种静态评价方法进行初始化参数设置，以及必要的基础管理，评价方法所需的判断矩阵在该模块实现录入，所需的

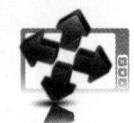

各领域各指标对应的权重数据亦在该模块实现查看，并且对各评价方法进行基础的维护。

(1) 多层次模糊综合评价法。

点击该模块，即在主窗口中打开多层次模糊综合评价法管理的窗口，在该窗口中，又分出了三个选项窗口，分别为判断矩阵录入、指标权重查看、多层次模糊综合评价法，管理员点击相应的选项卡，即打开对应的窗口。

①判断矩阵录入。

见系统初始化操作的相应说明。

②指标权重查看。

该功能是给管理员查看各领域的各级指标对应的权重值，该权重值是根据判断矩阵的录入计算所得。图 64 中的四个按钮分别对应四个创新领域，点击某一领域按钮，即会在下方显示区域显示所选领域的指标权重表，如图 65 所示。管理员可对当前的指标体系权重进行删除和导出至 Excel 操作。

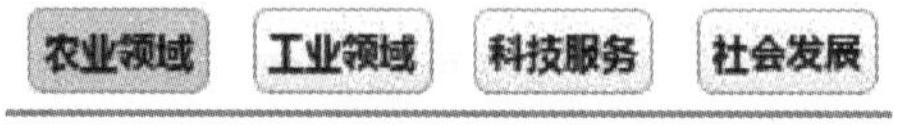

图 64

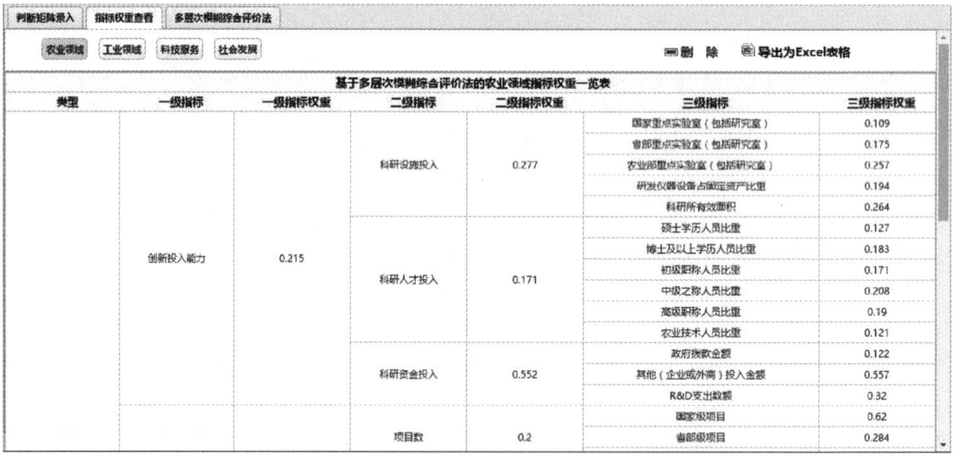

基于多层次模糊综合评价法的农业领域指标权重一览表

类型	一级指标	一级指标权重	二级指标	二级指标权重	三级指标	三级指标权重
	创新投入能力	0.215	科研设施投入	0.277	国家重点实验室（包括研究室）	0.109
					省部重点实验室（包括研究室）	0.175
					农业部重点实验室（包括研究室）	0.257
					研发仪器设备占固定资产比重	0.194
					科研所有效面积	0.264
			科研人才投入	0.171	硕士学历人员比重	0.127
					博士及以上学历人员比重	0.183
					初级职称人员比重	0.171
					中级之称人员比重	0.208
					高级职称人员比重	0.19
					农业技术人员比重	0.121
			科研资金投入	0.552	政府拨款金额	0.122
					其他（企业或外商）投入金额	0.557
					R&D支出数额	0.32
			项目数	0.2	国家级项目	0.62
					省部级项目	0.284

图 65

③多层次模糊综合评价法。

该功能用于管理员对多层次模糊综合评价法进行编辑，如图 66 所示。

附录　广东省属科研机构创新能力评价管理系统使用说明书

图 66

点击"编辑"按钮,即可进入编辑状态。如图 67 所示,管理员可对方法简介进行编辑;点击"保存"将修改进行保存;点击"重置"则清空所填的内容;点击"取消"则返回到查看状态。

图 67

(2) 直觉模糊评价法。

相关操作与"多层次模糊综合评价法"相同。

(3) 其他。

该功能为管理其他评价方法提供了一个接口,管理员可通过该功能对评价方法进行添加、修改、删除操作,如图 68 所示,相关的操作见"系统常用操作方法"。

181

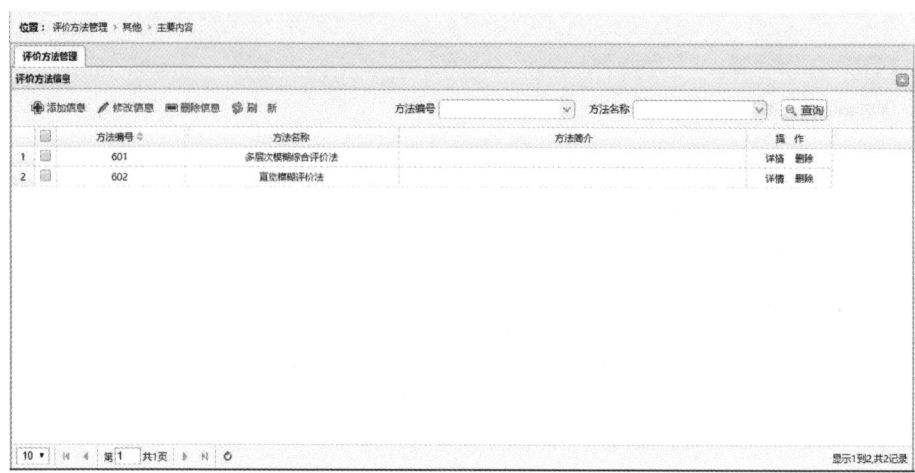

图 68

5. 创新能力评价

该功能为本评价系统的核心功能之一，可供管理员对各企业相关创新领域某一年份的指标数据选用适当的评价方法进行创新能力评价。评价界面均分为上下两个部分，上部分为条件选择区，用于供管理员输入条件，根据所输入的条件系统自动调取相关的指标数据，以及所选择的评价方法进行评价。下部分为评价结果显示界面，管理员首次点击进入该功能模块时，显示的为各企业评价信息列表，在输入评价条件进行创新能力评价后，则切换显示评价结果。保存评价结果后则返回到评价结果列表。

（1）静态评价。

静态评价为进行动态评价和预测评价的基础，图 69 为静态评价的主界面。

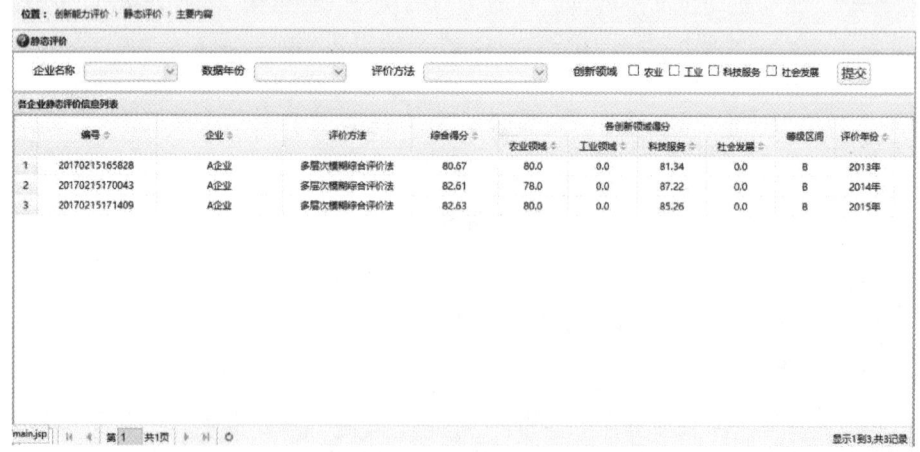

图 69

附录 广东省属科研机构创新能力评价管理系统使用说明书

界面上半部分为进行静态评价的条件选择区，如图 70 所示。在条件选择区中，管理员依次选择需要进行评价的企业名称、数据年份、评价方法、创新领域，点击"确定"按钮，系统将根据所选择的创新领域弹出对话框要求输入各领域的权重值，如图 71 所示，系统将对管理员输入的要求的领域的权重值之和是否等于 1 进行检验，若不等于 1，则返回要求重新输入。

图 70

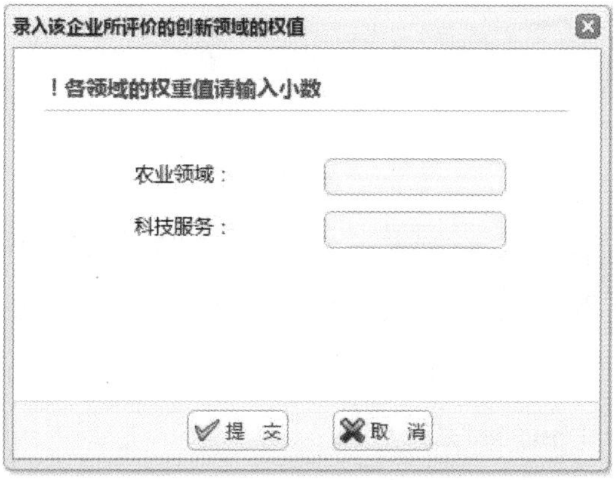

图 71

点击"提交"后，系统则根据选择的企业、创新领域和数据年份将该企业相应的创新领域相应年份的指标数据取出，然后根据所选择的评价方法对所取出的指标数据进行评价计算，得到评价结果，并对评价结果进行排名。

在界面下半部分为各企业静态评价信息列表，如图 72 所示。

图 72

当进行选择条件进行静态评价后,在该区域则会显示评价结果,如图73所示。

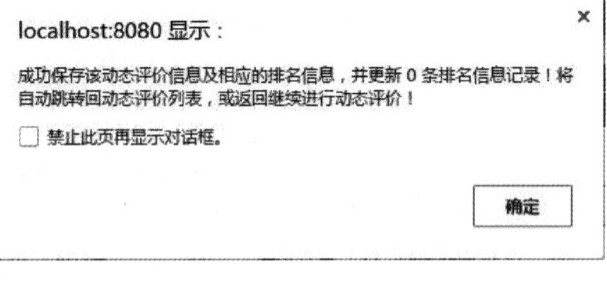

图73

点击"保存"按钮,系统保存该评价结果,保存成功提示信息返回到评价结果列表,如图74所示。若所选的评价条件对应的评价结果已存在,则系统提示不可再对其进行评价,如图75所示。

图74

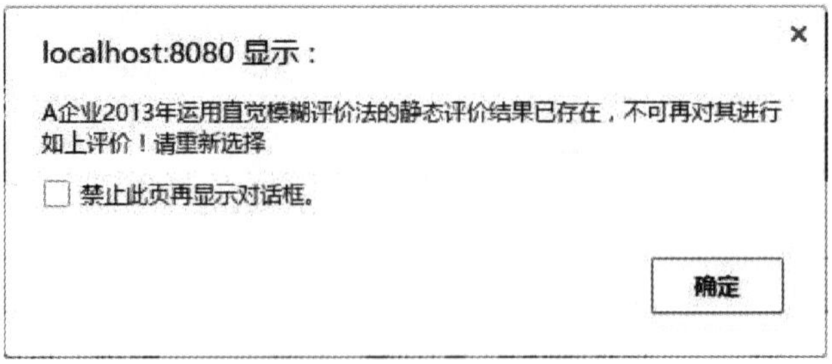

图75

附录　广东省属科研机构创新能力评价管理系统使用说明书

（2）动态评价。

动态评价是基于静态评价结果所进行的创新能力评价，需要根据企业连续三年的静态评价值来进行动态评价。

与静态评价界面类似，主界面分为上、下两个部分，上半部分为动态评价的条件选择区，如图76所示。各个下拉框之间为联动选择，即评价方法的下拉列表内容根据企业的选择动态加载，数据起始年份的下拉列表内容则根据企业和评价方法的选择动态加载，数据的末尾年份根据数据起始年份的选择动态赋值，不可修改，所以管理员需依次选择各条件，数据的起始年份的选择进行了限定，不可超出该企业该评价方法的最大评价年份减去三年的数值，当不符合该限定时，提示信息如图77所示。点击"提交"按钮，系统根据所选择的条件，调取相应企业相应的评价方法所对应的三年的静态评价值，再根据动态评价方法进行评价计算，得到评价结果。其余相关的操作参考静态评价。

图76

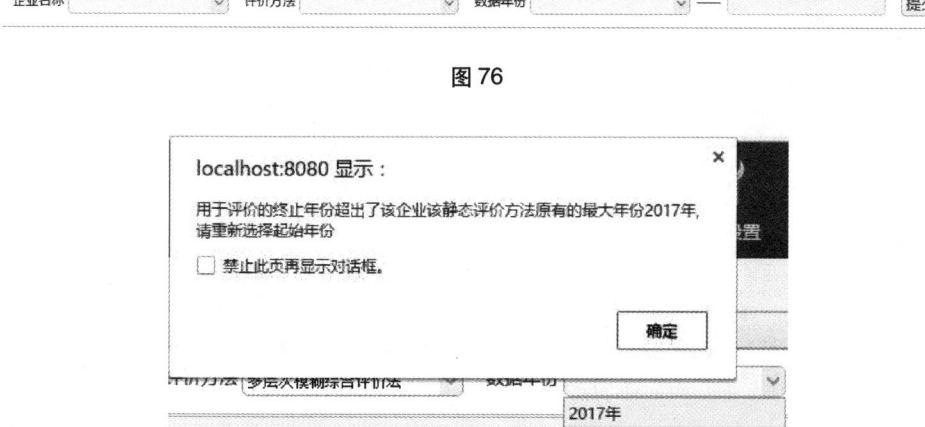

图77

（3）预测评价。

预测评价也是基于静态评价结果进行的创新能力评价，其评价需要根据企业连续五年的静态评价值进行计算。

与动态评价的主界面类似，预测评价的主界面的上半部分为预测评价条件选择区，如图78所示，操作方法参见动态评价，数据的起始年份同样进行了限定，不可超出所选企业所选评价方法的静态评价最大年份减去五年的数值。点击"提交"按钮，系统根据所选择的条件调取企业对应的评价方法连续五年的静态评价值，根据预测评价方法计算评价结果。

图78

在主界面的下半部分为各企业预测评价信息列表,在管理员选择条件进行预测评价后,切换到预测评价结果显示界面,如图79所示。结果显示界面分为左右两个部分,左侧为列表显示该企业接下来五年的预测评价值,右侧为折线图显示该企业接下来五年的预测曲线,折线图的基本操作见系统常用操作说明。系统提供对多条数据进行保存(图80),管理员可选择要保存的记录条数,点击"保存信息"按钮,保存提示信息如图81所示,系统将根据管理员的选择保存相应的记录数是否确定保存,保存成功的提示如图82所示。然后返回到预测评价信息息列表。

图79

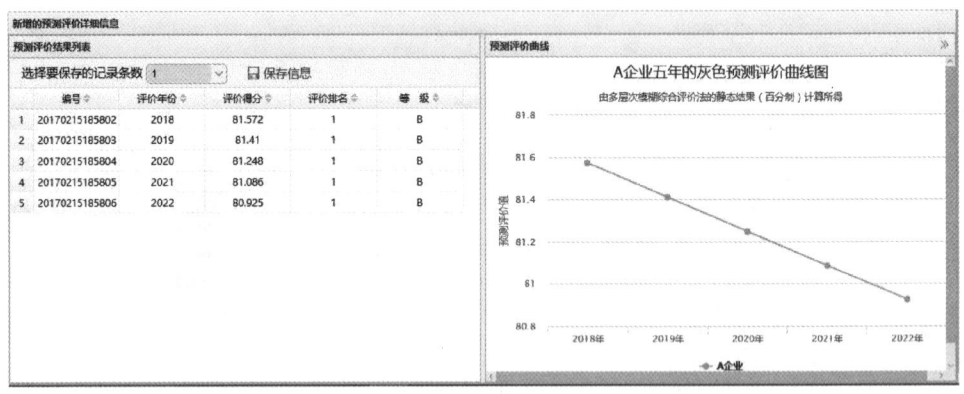

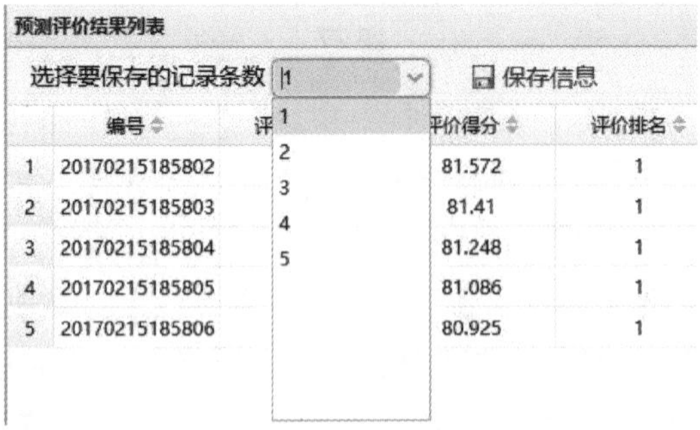

图80

附录　广东省属科研机构创新能力评价管理系统使用说明书

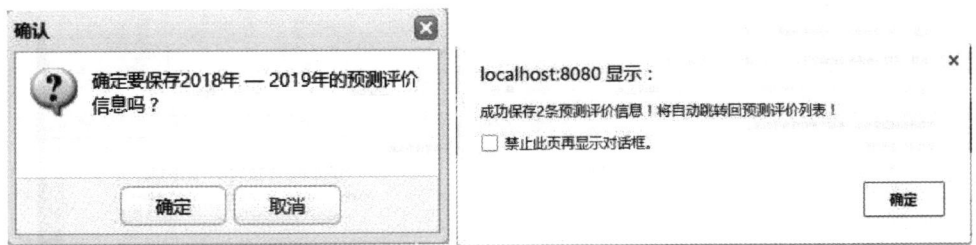

图 81　　　　　　　　　　　　　图 82

（4）创新能力建议报告。

系统暂未实现此功能。

6. 评价结果管理

该功能用于给管理员对评价结果进行管理，包括对结果的查询、删除，各个子功能的界面采用统一布局，主界面如图 83 所示。

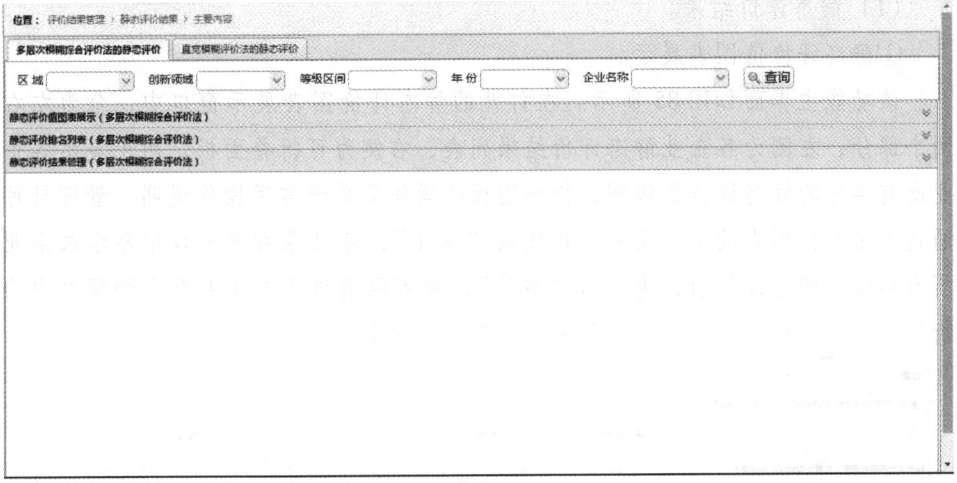

图 83

根据多层次模糊综合评价法和直觉模糊评价法划分出两个选项卡，默认先打开的是多层次模糊综合评价法对应的选项卡。在打开的选项卡界面中，主要分为上、下两个部分，上半部分为条件查询区，用户需先打开需要进行查询的面板，然后可通过输入一个或多个条件进行查询；下半部分分为三个手风琴（预测评价分为两个手风琴），每个手风琴对应一种操作，分别为评价值图表展示、评价排名列表、评价结果管理，手风琴面板的操作见系统常用操作说明，默认先打开的是评价值图表展示，如图 84 所示。

图84

(1) 静态评价结果。

①静态评价值图表展示。

该功能主界面如图85所示。在打开的静态评价图表展示窗口中,分为左右两个部分,左侧为各企业静态评价结果列表,右侧为可折叠面板,用于显示各企业所有年份的静态评价折线图,折叠面板的操作见系统常用操作说明。管理员可通过点击左侧列表的某一企业的折线图"显示",即可在右侧窗口中显示该企业所有年份的静态评价值,再点击"取消",即可取消显示该企业在右侧窗口中的折线图。对折线图的基本操作见系统常用操作说明。

图85

②静态评价排名列表。

该面板用于显示静态评价排名信息，主界面如图86所示。

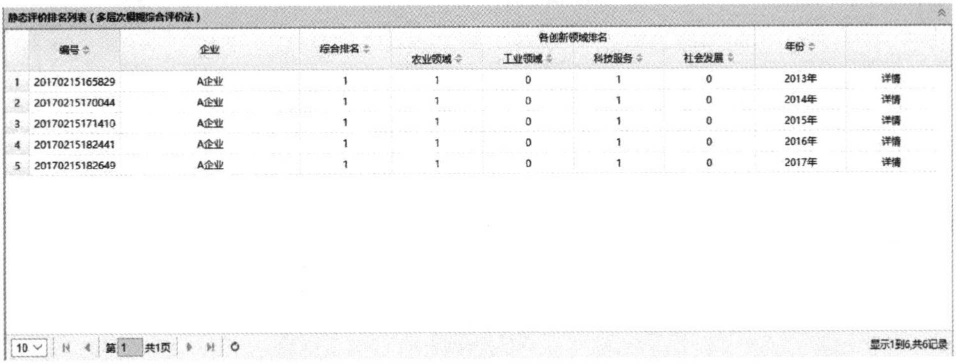

静态评价排名列表（多层次模糊综合评价法）

	编号	企业	综合排名	各创新领域排名				年份	
				农业领域	工业领域	科技服务	社会发展		
1	20170215165829	A企业	1	1	0	1	0	2013年	详情
2	20170215170044	A企业	1	1	0	1	0	2014年	详情
3	20170215171410	A企业	1	1	0	1	0	2015年	详情
4	20170215182441	A企业	1	1	0	1	0	2016年	详情
5	20170215182649	A企业	1	1	0	1	0	2017年	详情

10　第1 共1页　显示1到6,共6记录

图 86

管理员可查看各企业的静态评价排名信息，点击“详情”，弹出对应企业的详细静态评价信息对话框，如图87所示。

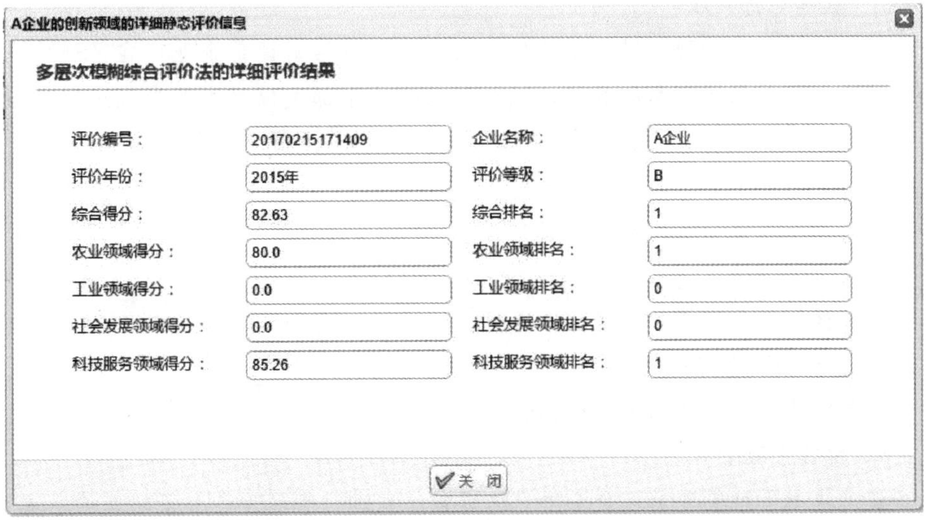

图 87

③静态评价结果管理。

该面板用于对静态评价结果进行管理（图88），主要是进行删除操作，管理员可以先对记录进行查询，删除操作见系统常用操作说明。

图88

(2) 动态评价结果。

与静态评价结果的操作类似。

(3) 预测评价结果。

与静态评价结果的操作类似。

7. 基础资料管理

该模块用于给管理员进行基础数据的设置，包括对评价企业所在区域信息、企业信息、创新领域信息的管理，这些基础数据全部是以列表的形式进行显示，主要是添加、修改、删除、查询操作，对应的操作参见系统的常用操作说明。

(1) 区域信息。

相关操作参见系统的常用操作说明。

(2) 企业信息。

相关操作参见系统的常用操作说明。

(3) 创新领域信息。

相关操作参见系统的常用操作说明。

8. 留言交流管理

该模块用于给管理员对企业用户的留言信息进行管理，各个子功能的主界面相似（图89），主要分为上下两个部分，上半部分为查询区域，可通过输入一个或多个条件进行组合查询，下半部分为留言列表。

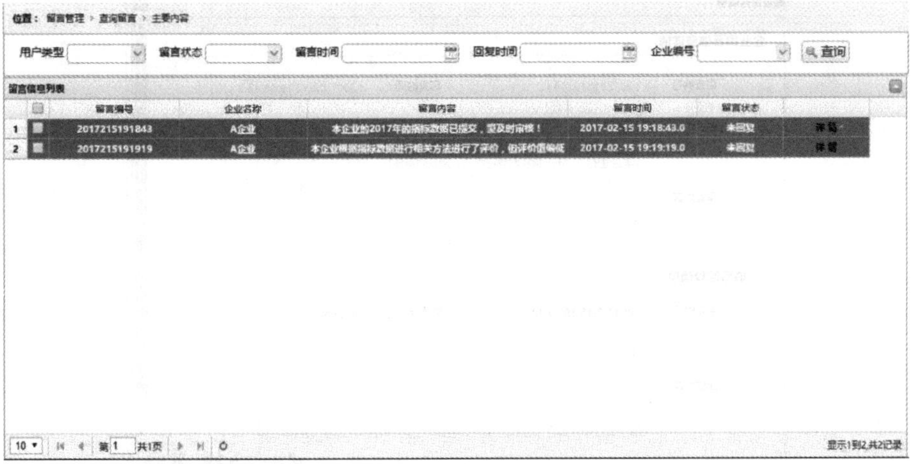

附录　广东省属科研机构创新能力评价管理系统使用说明书

图89

（1）回复留言。

该模块用于给管理员对企业用户的留言信息进行回复，主界面如图90所示。

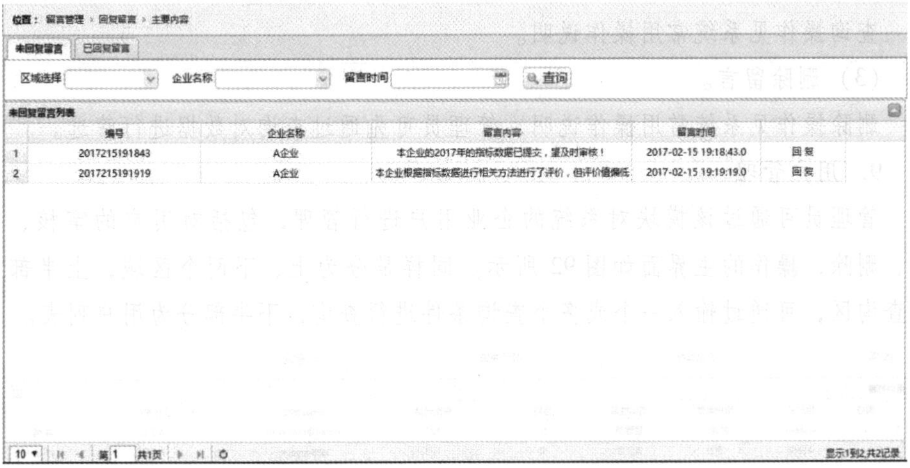

图90

根据留言的状态分为两个选项卡，管理员点击"未回复留言"选项卡，则打开的是未回复留言窗口，点击"已回复留言"选项卡，则打开的是已回复留言窗口。在"未回复留言"窗口中，点击记录后的"回复"，则弹出留言信息回复对话框，如图91所示，对话框显示了企业的留言信息详情，管理员只需输入回复内容，点击"提交"按钮，则可对留言信息进行回复。

广东省属科研机构创新能力评价研究：方法、应用及管理系统

图91

相关的操作参考其他模块即可。

（2）查询留言。

查询操作见系统常用操作说明。

（3）删除留言。

删除操作见系统常用操作说明，管理员可先通过查询对数据进行筛选。

9．用户管理

管理员可通过该模块对系统的企业用户进行管理，包括对用户的审核、查询、删除，操作的主界面如图92所示。同样是分为上、下两个区域，上半部分为查询区，可通过输入一个或多个查询条件进行查询，下半部分为用户列表。

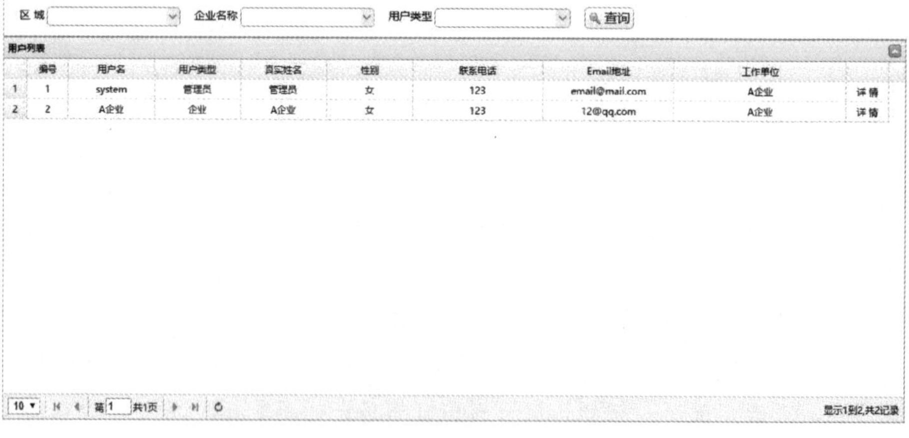

图92

（1）审核用户。

企业用户在注册使用本系统时，均为未审核用户，需通过管理员先进行审核，经过审核的用户才能登录使用本系统。管理员通过该功能对用户进行审核，根据用户的状态分为两个选项卡，点击相应的选项卡打开相应的窗口，相关的查询操作与列表操作参见系统的常用操作使用说明。

管理员选择某一条用户信息，点击"审核"，弹出审核信息对话框，点击"审核通过"，或"审核不通过"，均会弹出邮件地址确认对话框，如图93所示。

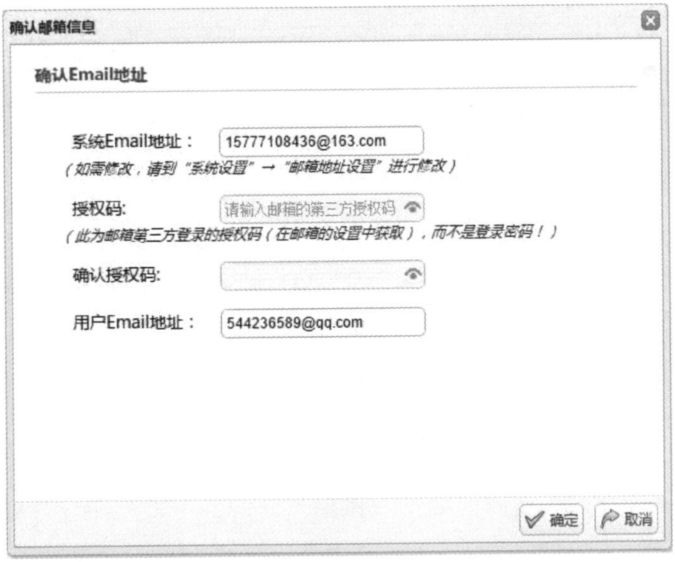

图93

除系统Email地址和用户Email地址这两项，管理员需在授权码编辑框内输入邮箱第三方登录的授权码，并且在确认授权码编辑框内二次输入确认，点击"确定"，系统将会根据审核的情况进行相应的处理。若是审核通过，则更新该用户的状态，即由未审核转变为已审核，同时发送注册成功的信息到用户注册的Email地址中；若是审核不通过，则删除该用户信息，以及注册时填写的企业信息，同时发送注册失败的信息到用户邮箱中。

（2）查询用户。

查询操作及列表操作参见系统的常用操作使用说明。

（3）删除用户。

删除操作及列表操作参见系统的常用操作使用说明。

10. 系统管理

该模块用于给管理员进行系统的管理，包括对数据的备份、还原以及邮箱地址的设置。

（1）数据备份。

数据备份的主界面如图94所示，主要为列表显示数据备份记录，相关的列表操作以及删除操作见系统的常用操作说明。点击"数据备份"，则弹出数据备份的设置的对话框，如图95所示。

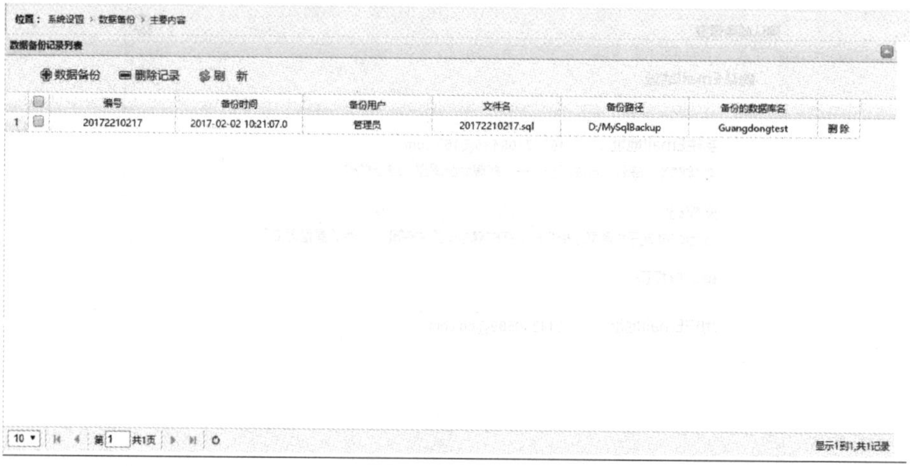

图94

图95

各编辑框已设置了默认参数,除编号与备份时间,管理员可对其他的对应的编辑框内的内容进行修改,点击"确定",系统则根据配置信息进行相应的备份,备份文件将保存在设置的保存路径中,并且将相关的备份记录保存到数据库中,返回备份列表。

(2)数据还原。

该功能用于给管理员对数据库文件进行还原操作,主要以列表的形式显示数据备份记录,相关的列表操作参见系统的常用操作使用说明。管理员点击"数据还原",将弹出数据还原参数的设置的对话框,如图96所示。各编辑框已设置了默认参数,除编号与还原时间,管理员可对其他对应的编辑框内的内容进行修改,在"选择还原文件"这一项中,点击"选择文件",即可弹出文件选择的对话框,管理员只需选择要还原的数据库文件(.sql),点击"确定",系统将根据参数的设置对相关的数据还原到指定的数据库中,并将相关的还原记录进行保存,返回到列表界面。

图96

(3)邮箱地址设置。

相关操作参见系统初始化。

11. 用户中心

管理员可通过该模块对个人信息进行查看与维护。

(1)用户信息。

该功能是给管理员查看个人基本信息,以及对个人基本信息进行编辑。系统根据管理员的登录信息自动加载相关内容,主界面如图97所示。

图97

相关的操作参见系统常用操作说明。

（2）修改密码。

该功能用于给管理员修改登录密码，主界面如图98所示。管理员需正确输入原始密码才可保存成功新的登录密码。

图98

附录　广东省属科研机构创新能力评价管理系统使用说明书

六、企业用户主界面

企业用户是本系统的另一主要用户，主要是通过本系统对本企业进行创新能力评价，根据其职能划分出的功能菜单如图99所示。

1. 首页

系统尚未开放此功能。

2. 指标体系查看

参见管理员主界面的指标体系管理下的指标体系。

3. 指标数据管理

在该功能中，企业用户可以实现对指标数据的录入和查看，用户将录入的数据提交后将会提交至后台，待管理员审核后，将会通过邮件的形式告知用户审核情况，也会在系统上通知用户数据已审核，若审核不通过则需重新输入数据，审核通过的数据才可用来进行静态评价。

图99

（1）数据录入。

图100为企业进行指标数据录入的主界面，用户直接在相关的指标体系面板中录入对应的指标数据。点击"提交"即可将当前领域录入的指标数据保存至后台，数据年份为系统默认当前时间的年份，待管理员审核；点击"重置"按钮将清空当前录入的数据。

图100

(2) 数据查询。

图 101 为指标数据的查询界面，数据年份的下拉输入框中自动加载当前所登录的企业用户的指标数据所对应的所有年份数据，点击"查询"按钮即可在下方显示面板中显示查询结果，当前数据的审核状态显示在数据上方。

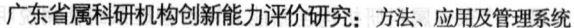

图 101

4. 创新能力评价

该模块用于给企业用户对本企业某一年的相关领域，通过调用适当的评价方法对其指标数据进行创新能力评价，得到评价结果。该部分界面设计与管理员的类似，相关的操作参见管理员的相应模块。

5. 评价结果查询

相关操作参见管理员的相应模块。

6. 留言交流管理

相关操作参见管理员的相应模块。

7. 用户中心

用户中心为用户提供了维护用户信息的功能，用户可在该功能菜单中选择对企业信息、个人信息和登录密码的查看和修改。相关的操作参见管理员的相应模块的操作与系统常用操作说明。